● 指数の計算

◆ 指数の表し方　$10^n = \underbrace{10 \times 10 \times 10 \times \cdots \times 10}_{n \text{個}}$　「10 の n 乗」
$\Rightarrow 10$ を n 回かける

◆ 負の指数　$10^{-n} = \dfrac{1}{10^n}$

◆ かけ算　$10^a \times 10^b = 10^{a+b}$

◆ 割り算　$10^a \div 10^b = \dfrac{10^a}{10^b} = 10^{a-b}$

◆ 係数のある指数のかけ算

$$m \times 10^a \times n \times 10^b = (m \times n) \times 10^{a+b}$$

◆ 係数のある指数の割り算

$$m \times 10^a \div (n \times 10^b) = \frac{m}{n} \times \frac{10^a}{10^b} = \frac{m}{n} \times 10^{a-b}$$

● 三角比

◆ 正弦　$\sin\theta = \dfrac{b}{c}$

◆ 余弦　$\cos\theta = \dfrac{a}{c}$

◆ 正接　$\tan\theta = \dfrac{b}{a}$

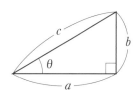

◆ 三平方の定理　$c^2 = a^2 + b^2$

◆ 三角比の値

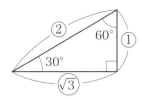

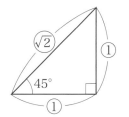

θ	$0°$	$30°$	$45°$	$60°$	$90°$
$\sin\theta$	0	$\dfrac{1}{2}$	$\dfrac{\sqrt{2}}{2}$	$\dfrac{\sqrt{3}}{2}$	1
$\cos\theta$	1	$\dfrac{\sqrt{3}}{2}$	$\dfrac{\sqrt{2}}{2}$	$\dfrac{1}{2}$	0
$\tan\theta$	0	$\dfrac{\sqrt{3}}{3}$	1	$\sqrt{3}$	∞

本書の構成と使い方

　本書は，教科書「物理基礎」の理解と復習を目的に編集した問題集です。

　各項目は，**まとめ**→**ポイントチェック**→**EXERCISE** で構成されています。「節末問題」までこなせば，物理基礎の重要事項や基本的な問題パターンを定着させることができます。また，思考力・判断力・表現力等を必要とする問題には ❓印をつけています。

まとめ　　　　　図解を中心としたまとめです。その項目の重要事項や覚えるべきポイントが一目でわかります。🔖印のついた箇所は中学理科で学習した内容が含まれています。「中学理科の復習」(p.2) の該当箇所を示していますので，学習に入る前に確認しておくとよいでしょう。

ポイントチェック　「まとめ」の確認問題です。基本事項を身につけられます。

EXERCISE　典型的な例題と問題を収録しています。例題は，穴埋めしながら解説を完成させて，内容を理解しましょう。答えはページ最下部にあります。問題は基本的なものから定期テストレベルのものまでを収録してありますので，基本的な解き方を定着させることができます。

節 末 問 題　各章の節ごとに仕上げとなる問題を収録しました。センター試験の過去問題もいくつか取り上げていますので，テスト前の力試しなどに利用することができます。

　なお，🔨印のついた箇所（ステップアップ）は発展的な問題となります。ぜひ，挑戦してみてください。

アクセスノート物理基礎　　もくじ

1 物体の運動　（→p.6, p.8）

(1) 等速直線運動

　物体に力がはたらかないとき，物体は一定の速さで直線上を運動する。運動の状態を保つ性質を慣性という。

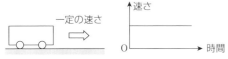

(2) 斜面を下る運動

　物体に運動と同じ向きに一定の大きさの力を加え続けると，物体の速さは一定の割合で増加する。

2 力　（→p.18）

(1) 力のはたらき

・物体の形を変える

・物体の動きを変える

　力の単位にはN（ニュートン）を使う。

(2) 力の3要素

・力の大きさ

・力の向き

・力の作用点

力の大きさ…矢印の長さ

力の向き…矢印の向き

作用点…力が加わる点

(3) いろいろな力

・重力…地球が物体を鉛直方向下向きに引く力

・垂直抗力…面上にある物体に対して，面と垂直な方向に押す力

・弾性力…ばねなどに力を加えて変形したとき，元の形に戻る向きにはたらく力

・摩擦力…面上にある物体を面に沿って動かそうとしたとき，または動いているとき，面から物体の運動を妨げる向きにはたらく力

3 圧力　（→p.32）

・圧力…単位面積あたりにはたらく力の大きさ

$$圧力〔Pa〕 = \frac{面に垂直にはたらく力の大きさ〔N〕}{力がはたらく面積〔m^2〕}$$

・水圧…水中にある物体が，水から押される力。深くなるほど水圧は大きくなる。

・大気圧…空気の重さのために，空気中にある物体が空気から押される力。地表付近でおよそ1013hPa

・浮力…ばねばかりでつり下げた物体を水の中に入れると，ばねばかりの示す値が小さくなる。ばねばかりが示す値の差が浮力の大きさに等しい。

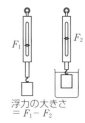

浮力の大きさ
$= F_1 - F_2$

4 力と運動　（→p.22）

・作用と反作用

　物体Aが物体Bに力を加えたとき，BからAへも逆向きで同じ大きさの力が加わる。

壁が手を押す力（反作用）　手が壁を押す力（作用）

確認問題

1 〈等速直線運動〉一定の速さで運動する台車の移動距離を，記録タイマーを使って測定したら，図のようなグラフが得られた。次の問いに答えよ。

(1) この台車の速さは何m/sか。

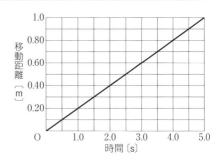

(2) この台車は15s間で何m進むか。

答

2 〈**力の表し方**〉 下の各物体にはたらく力を図示し，力の名称を記入せよ。

(1) 自由落下させたとき。

物体が
落下している

(2) 床に置いたとき。

(3) ばねでつるしたとき。

ばねにつるされ
静止している

(4) 摩擦のない水平な床で，一定の
速さで運動している。

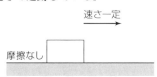
速さ一定
摩擦なし

(5) 摩擦のある床で一定の速さに
なるように引いている。

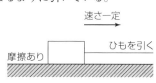
速さ一定
摩擦あり　　ひもを引く

3 〈**圧力**〉 各辺の長さが0.50m，0.60m，1.0mで，重力の大きさが120Nの
直方体がある。図のa，b，cの面を底にして床に置くとき，物体が床に与
える圧力はそれぞれ何Paか。

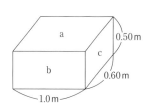
a
0.50m
c
b
0.60m
1.0m

答　a：　　　　　　　　b：　　　　　　　　c：

4 〈**浮力**〉 液体の入った容器を台ばかりにのせると，台ばかりは8.0Nを示した。これに
重さが3.0Nのおもりを軽い糸でつるし，液体中で静止させたところ，台ばかりの示す
値が9.2Nになった。次の問いに答えよ。

(1) おもりにはたらく浮力の大きさは何Nか。

答

(2) おもりを液体中で静止させているときの糸の張力の大きさは何Nか。

答

中学理科の復習2

5 仕事とエネルギー (→p.42, p.44, p.48)

(1) 仕事…物体に力を加え，力の向きに動かしたとき，物体に仕事をしたという。単位は J（ジュール）。

$$仕事〔J〕＝力の大きさ〔N〕×動かした距離〔m〕$$

(2) 仕事の原理…てこや動滑車などを使って小さい力で仕事をしても，動かす距離が大きくなるので仕事の量は変わらない。

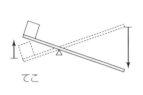

てこ

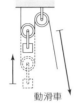

動滑車

(3) 仕事率…単位時間あたりにする仕事。仕事の能率を表す。

$$仕事率〔W〕＝\frac{仕事〔J〕}{仕事に要した時間〔s〕}$$

(4) 位置エネルギー

高い位置にある物体は，位置エネルギーをもつ。位置が高いほど，質量が大きいほどエネルギーも大きくなる。

(5) 運動エネルギー

運動している物体は，運動エネルギーをもつ。速さが速いほど，質量が大きいほどエネルギーも大きくなる。

(6) 力学的エネルギーの保存

物体が摩擦のない斜面を滑り降りるとき，位置エネルギーが減少し，運動エネルギーが増加している。この間，物体の力学的エネルギーは一定。

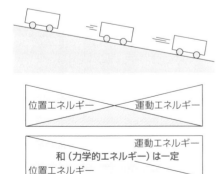

位置エネルギー	運動エネルギー

	運動エネルギー
和（力学的エネルギー）は一定	
位置エネルギー	

$$（力学的エネルギー）＝（位置エネルギー）＋（運動エネルギー）$$

6 音の性質 (→p.68)

(1) 音の速さ

空気の中を伝わる音の速さ…約340m/s

(2) 音の大きさや高さ

・音の大きさ…音源の振幅の大きさ

・音の高さ…音源の振動数

7 回路 (→p.80, p.82)

(1) オームの法則

R〔Ω〕の抵抗を流れる電流 I〔A〕と両端にかかる電圧 V〔V〕には以下の関係がある。

$$V = RI$$

(2) 直列回路

$$I = I_1 = I_2$$

$$V = V_1 + V_2$$

合成抵抗Rは

$$R = R_1 + R_2$$

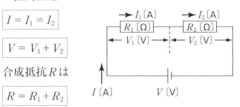

(3) 並列回路

$$I = I_1 + I_2$$

$$V = V_1 = V_2$$

合成抵抗Rは

$$\frac{1}{R} = \frac{1}{R_1} + \frac{1}{R_2}$$

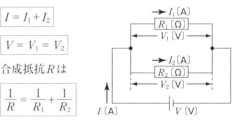

(4) ジュール熱

電流によって発生する熱量〔J〕

$$ジュール熱〔J〕＝電流〔A〕×電圧〔V〕×時間〔s〕$$

5 〈仕事の原理と仕事率〉重力の大きさ500Nの物体を，図のように摩擦のない斜面に沿って10m引き上げた。次の問いに答えよ。

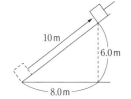

(1) このときの仕事は何Jか。

答

(2) この仕事をするのに60sかかったとすると，仕事率は何Wか。

答

6 〈力学的エネルギー〉図のように点Aでおもりをはなし，運動させた。

(1) 点A～Dの中でおもりの位置エネルギーが最大になる点をすべて答えよ。

答

(2) 点A～Dの中でおもりの運動エネルギーが最大になる点を答えよ。

答

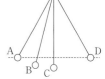

(3) 点Cの上方に棒を置き，点Aからおもりをはなすと，最高点は①～③のどこになるか。

答

7 〈弦の振動〉弦をはじいたときに出る音についての以下の文章の（　　）に適切な語を埋めよ。

弦のはじき方を強くすると，弦の ア（　　　　　）が大きくなり，音が大きくなった。弦を張る力を大きくしてはじくと，高い音が出た。これは，弦を張る力を大きくすると，弦の イ（　　　　　）が大きくなるからである。弦の長さを ウ（　　　）くしても，高い音が出る。

8 〈回路〉図のようにR_1～R_4の抵抗を直列，並列に接続した回路がある。

(1) 右のR_1とR_2，R_3とR_4の合成抵抗はそれぞれ何Ωか。

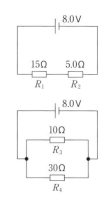

答 R_1とR_2：　　　　　　　R_3とR_4：

(2) 右のR_1～R_4の中で，抵抗の両端にかかる電圧が最小になるものはどれか。

答

9 〈ジュール熱〉図のような実験装置で，電熱線に電流を流して水を温めた。電圧計の値が6.0Vのとき，電流計は1.5Aを示していた。次の問いに答えよ。

(1) 電熱線の抵抗は何Ωか。

答

(2) 1分間に電熱線から発生する熱量は何Jか。

答

1 速度

1 速さ
単位時間に移動する距離
（単位〔m/s〕　メートル毎秒）

$$v = \frac{x}{t}$$

v〔m/s〕：速さ
x〔m〕：距離
t〔s〕：時間

2 等速直線運動（等速度運動） p.2 ❶
一直線上を同じ向きに，一定の速さで進む運動

$$x = vt$$

x〔m〕：距離
v〔m/s〕：速さ
t〔s〕：時間

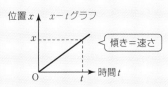

位置 x　$x-t$グラフ
傾き＝速さ

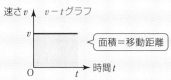

速さ v　$v-t$グラフ
面積＝移動距離

3 速度
速さと運動の向きを表す量
運動の正の向きを定め，
正負の符号をつけて表す。
　　例．＋23m/s　左へ9m/s

4 変位
物体が，どの向きにどれだけ移動したかを表す量
（単位〔m〕　メートル）

$$\Delta x = x_2 - x_1$$

Δx〔m〕：変位
x_1〔m〕：時刻t_1での位置
x_2〔m〕：時刻t_2での位置

5 平均の速度

$$\overline{v} = \frac{x_2 - x_1}{t_2 - t_1}$$

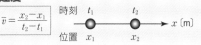

時刻　t_1　　t_2
位置　x_1　　x_2　　x〔m〕

6 速度の合成

$$v = v_1 + v_2$$

v〔m/s〕：合成速度
v_1〔m/s〕：動く歩道の速度
v_2〔m/s〕：人の歩く速度

歩く速度 v_2
動く歩道の速度 v_1

v_1　v_2
v

7 相対速度
一方の物体から見た他方の物体の速度

$$v_{AB} = v_B - v_A$$

v_{AB}〔m/s〕：Aに対するBの
　　　　　　相対速度
v_A, v_B〔m/s〕：物体A, Bの速度

ポイントチェック

① 90mを60秒で歩く人の速さは何m/sか。

答

② 次の文章の（　）内に適する数字を入れよ。
　1m/sで運動する物体は1分間に ア（　　　　）m進み，1時間に イ（　　　　）m進む。よって，
　　　　　1m/s ＝ ウ（　　　　）km/h
である。

③ 速さ20m/sで飛んでいるボールが2.0s間に進む距離は何mか。

答

④ 80mの距離を20m/sの速さで運動するときにかかる時間は何秒か。

答

⑤ 東向きを正とする。東向きに20m/sで走る自動車と，西向きに30m/sで走るトラックの速度は，それぞれ何m/sか。

答　自動車：

答　トラック：

⑥ 右向きを正とする。右向きに1.0m/sで動いている動く歩道の上を，進行方向に1.2m/sで人が歩くとき，地面に対する人の速度は何m/sか。

答

⑦ 1.0m/sの速さで子供が左向きに，1.4m/sの速さで大人が右向きに歩いているとき，大人に対する子供の相対速度は何m/sか。ただし，右向きを正とする。

答

EXERCISE

▶2

例題 1 ◆ 変位

図のように，一直線上に学校と駅と家が並んでいる。次の各問いに答えよ。ただし，右向きを正とする。

(1) 家から学校へ移動したときの変位は何mか。

(2) 駅から学校に寄って家に帰ったときの変位は何mか。

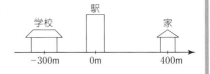

ここがポイント　変位は最初の位置と最後の位置で決まり，途中の道すじによらない。時刻 t_1 の位置を x_1，時刻 t_2 の位置を x_2 として，変位の式「$\Delta x = x_2 - x_1$」に代入する。

◆解法◆

(1) 求める変位を Δx〔m〕とする。$x_1 = 400\text{m}$，$x_2 = $ ア(　　　) m を，変位の式「$\Delta x = x_2 - x_1$」に代入する。

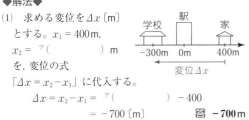

$$\Delta x = x_2 - x_1 = \text{ア(　　　)} - 400$$
$$= -700 \text{〔m〕} \quad \boxed{\text{答}} \ \mathbf{-700\,m}$$

(2) $x_1 = 0\text{m}$，$x_2 = $ イ(　　　) m を，変位の式「$\Delta x = x_2 - x_1$」に代入する。

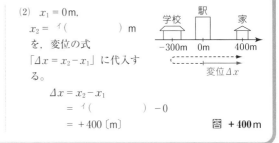

$$\Delta x = x_2 - x_1$$
$$= \text{イ(　　　)} - 0$$
$$= +400 \text{〔m〕} \quad \boxed{\text{答}} \ \mathbf{+400\,m}$$

▶ **1** 〈速さの単位換算〉次の問いに答えよ。

(1) 30.0m/sで飛んでいるボールの速さは何km/hか。

答　　　　　　　

(2) 90km/hで走っている自動車の速さは何m/sか。

答　　　　　　　

▶ **2** 〈変位〉例題1について，次の各問いに答えよ。

(1) 学校から家へ移動したときの変位は何mか。

答　　　　　　　

(2) 家から学校に寄って駅に着いたときの変位は何mか。

答　　　　　　　

▶ **3** 〈v−tグラフと x−tグラフ〉右図は，ある物体の運動の v−tグラフである。次の問いに答えよ。

(1) この物体の運動は何運動か。

答　　　　　　　

(2) 0sから4.0sの変位はいくらか。

答　　　　　　　

❓(3) 0sのときの位置を $x = 0\text{m}$ として，0sから5.0sまでの x−tグラフをかけ。

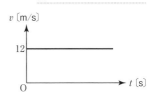

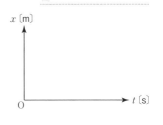

2 等加速度直線運動

1 加速度　単位時間あたりの速度変化
（単位〔m/s²〕　メートル毎秒毎秒）

時刻 t_1〔s〕のときの速度を v_1〔m/s〕，時刻 t_2〔s〕のときの速度を v_2〔m/s〕とする。

$$\bar{a} = \frac{v_2 - v_1}{t_2 - t_1} = \frac{\Delta v}{\Delta t}$$

$\bar{a}$〔m/s²〕：平均の加速度
$v_2 - v_1 = \Delta v$〔m/s〕：速度変化
$t_2 - t_1 = \Delta t$〔s〕：経過時間

2 等加速度直線運動　📖 p.2 ❶
一直線上を一定の加速度で進む運動

・速度と時間の関係式　$v = v_0 + at$

・変位と時間の関係式　$x = v_0 t + \dfrac{1}{2} at^2$

・速度と変位の関係式　$v^2 - v_0^2 = 2ax$

x〔m〕：変位　　v〔m/s〕：速度
v_0〔m/s〕：初速度　a〔m/s²〕：加速度
t〔s〕：時間

3 等加速度直線運動のグラフ

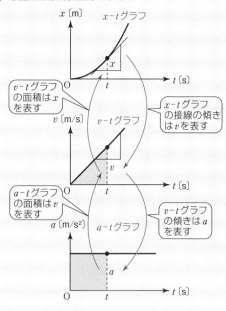

4 初速度のある等加速度直線運動のグラフ

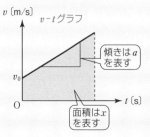

---

① 一直線上を3.0m/sの速度で右向きに動く物体が，2.0s間で速度が右向きに9.0m/sになった。物体の平均の加速度は何m/s²か。ただし，右向きを正とする。

答

② 一直線上を3.0m/sの速度で東向きに動く物体が，4.0s間で速度が西向きに1.0m/sになった。物体の平均の加速度は何m/s²か。ただし，東向きを正とする。

答

③ 一直線上を正の向きに，10m/sの速度で自動車が走行している。2.0m/s²の一定の加速度で加速したとき，5.0s後の自動車の速度は何m/sか。

答

④ 一直線上を自動車が4.0m/sの速さで走っている。自動車が3.0m/s²の一定の加速度で加速したとき，加速してから1.0s間に自動車は何m進むか。

答

⑤ 図は，ある物体の運動を表した v–t グラフである。次の問いに答えよ。

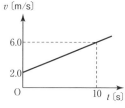

(ⅰ) この物体の加速度の大きさは何m/s²か。

答

(ⅱ) この物体が0sから10sの間に動いた距離は何mか。

答

E X E R C I S E

▶5

例題 2 ◆ 等加速度直線運動

初速度8.0m/sで走っていたバイクがブレーキをかけたところ，一定の加速度で減速し32m走って停止した。次の問いに答えよ。

(1) バイクの加速度は何m/s²か。

(2) バイクは減速してから停止するまでに何sかかったか。

ここが ポイント 問題文中に時間についての情報がないので，速度と変位の関係式「$v^2 - v_0^2 = 2ax$」を用いる。バイクが停止したときの速度は0m/sである。

◆解法◆

(1) 求める加速度を a〔m/s²〕とする。速度と変位の関係式「$v^2 - v_0^2 = 2ax$」より
$$0^2 - 8.0^2 = 2 \times a \times 32$$
$$a = {}^{ア}(\qquad)\,〔\text{m/s}^2〕$$
答 1.0m/s²，初速度と逆向き

(2) (1)で求めた加速度を，速度と時間の関係式「$v = v_0 + at$」に代入する。バイクが減速してから t〔s〕後に停止したとすると
$$0 = 8.0 + {}^{ア}(\qquad) \times t$$
$$t = {}^{イ}(\qquad)\,〔\text{s}〕 \qquad 答 \; {}^{イ}(\qquad)\, \text{s}$$

1章 物体の運動

▶ **4** 〈**正の加速度**〉 一直線上を正の向きに，2.5m/sの速度で自動車が走行している。2.0m/s²の一定の加速度で加速したとき，次の問いに答えよ。

(1) 3.0s後の自動車の速度は何m/sか。

答

(2) 自動車が加速してから2.0s間に進んだ距離は何mか。

答

(3) 自動車の速度が正の向きに9.5m/sになるのは，加速してから何秒後か。

答

▶ **5** 〈**負の加速度**〉 初速度20m/sで走っていた自動車がブレーキをかけたところ，一定の加速度で減速し80m走って停止した。次の問いに答えよ。

(1) 自動車の加速度は何m/s²か。

答

(2) 自動車は減速してから停止するまでに何秒かかったか。

答

3 落体の運動

1 重力加速度
重力によって生じる鉛直下向きの加速度
地球上での大きさは 9.8 m/s²

2 自由落下運動　初速度0の落下運動

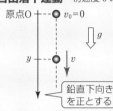

v〔m/s〕：速度
g〔m/s²〕：重力加速度
　　　　　の大きさ
y〔m〕：y方向の変位
t〔s〕：時間

鉛直下向き
を正とする

・速度と時間の関係式　$v = gt$

・変位と時間の関係式　$y = \dfrac{1}{2}gt^2$

・速度と変位の関係式　$v^2 = 2gy$

3 鉛直投げ下ろし運動　初速度v_0の落下運動

v〔m/s〕：速度
g〔m/s²〕：重力加速度
　　　　　の大きさ
v_0〔m/s〕：初速度
y〔m〕：y方向の変位
t〔s〕：時間

鉛直下向き
を正とする

・速度と時間の関係式　$v = v_0 + gt$

・変位と時間の関係式　$y = v_0 t + \dfrac{1}{2}gt^2$

・速度と変位の関係式　$v^2 - v_0{}^2 = 2gy$

4 鉛直投げ上げ運動
初速度v_0で真上に投げ上げる運動

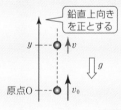

鉛直上向き
を正とする

v〔m/s〕：速度
g〔m/s²〕：重力加速度
　　　　　の大きさ
v_0〔m/s〕：初速度
y〔m〕：y方向の変位
t〔s〕：時間

・速度と時間の関係式　$v = v_0 - gt$

・変位と時間の関係式　$y = v_0 t - \dfrac{1}{2}gt^2$

・速度と変位の関係式　$v^2 - v_0{}^2 = -2gy$

ポイントチェック

*①～⑥は重力加速度の大きさを9.8m/s²とする。

① 学校の屋上からボールを自由落下させた。1.0s
後のボールの速さは何m/sか。

② 橋の上から小石を自由落下させる。1.0s後には
小石は何m落下しているか。

③ 橋の上から小石を鉛直に4.9m/sの初速度で投
げ下ろした。1.0s後の速さは何m/sか。

④ 井戸の中に向けて，初速度9.8m/sで小石を投
げ下ろした。2.0s後，小石は投げ下ろした位置か
ら何m落下しているか。

⑤ 初速度19.6m/sでボールを鉛直に投げ上げた。
1.0s後のボールの速さは何m/sか。

⑥ 初速度29.4m/sでボールを鉛直に投げ上げた。
2.0s後のボールの高さは何mか。

E X E R C I S E

例題 3 ◆ 自由落下運動 ▶15, 18, 19

高さ19.6mのビルの屋上から小球を静かに落下させた。重力加速度の大きさを
9.8m/s²として，次の問いに答えよ。

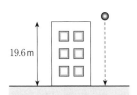

(1) 小球が地面に達するまでに何秒かかるか。

(2) 小球が地面に達する直前の速さは何m/sか。

(3) 地面からの高さが14.7mの位置を小球が通過するときの速さは何m/sか。

 小球を「静かに」落下させたとき，小球の初速度は0なので，小球は自由落下運動を
行う。(3)は，時間についての情報がないので，速度と変位の関係式を用いる。

◆解法◆

(1) 自由落下運動の変位と時間の関係式「$y = \dfrac{1}{2}gt^2$」

に代入する。t〔s〕後に地面に達するとして

$$19.6 = \frac{1}{2} \times 9.8 \times t^2$$
$$t^2 = 4.0$$
$$t = {}^{\mathcal{P}}(\qquad)\,〔\text{s}〕$$

$t>0$ であるので $t = -2.0$〔s〕は不適。　　**答 2.0s**

(2) (1)の結果を速度と時間の関係式「$v = gt$」に代入
する。地面に達する直前の速さをv〔m/s〕とすると

$$v = 9.8 \times 2.0 = 19.6\,〔\text{m/s}〕 ≒ 20\,〔\text{m/s}〕$$

答 20m/s

(3) 問題文の中に時間の情報がないので，速度と変位
の関係式「$v^2 = 2gy$」を用いる。また地面から14.7m
の位置は，19.6mの高さを原点としているので，変
位y〔m〕は

$$y = 19.6 - 14.7$$
$$= 4.9\,〔\text{m}〕$$

となる。求める速
さをv〔m/s〕とす
ると

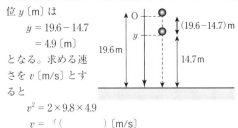

$$v^2 = 2 \times 9.8 \times 4.9$$
$$v = {}^{\mathcal{A}}(\qquad)\,〔\text{m/s}〕$$

$v>0$ であるので $v = -9.8$〔m/s〕は不適。

答 9.8m/s

▶ **6 〈鉛直投げ下ろし運動〉** 高さ39.2mの橋の上から，初速度9.8m/sで小石を鉛直に投げ下ろした。重力
加速度の大きさを9.8m/s²として，次の問いに答えよ。

(1) 小石が水面に達するまでに何秒かかるか。

答

(2) 小石が水面に達する直前の速さは何m/sか。

答

例題の答　　ア：±2.0　　イ：±9.8

1章 物体の運動

EXERCISE

▶7, 9, 16

例題 4 ◆ 鉛直投げ上げ運動

地面から初速度29.4m/sでボールを鉛直に投げ上げた。投げ上げる瞬間の時刻を0s、重力加速度の大きさを9.8m/s²として、次の問いに答えよ。

(1) 最高点に達する時刻は何sか。

(2) 最高点の高さは何mか。

(3) ボールが地面に戻ってくるのは、ボールを投げ上げてから何秒後か。

(4) (3)のときの速度は何m/sか。

ここが ポイント　最高点では、上向きだったボールの速度が下向きに変わるので、速度が正から負に変わる。よって、最高点では速度が0となる。地面に戻ってくるとき、$y = 0$である。

◆解法◆

(1) 最高点に達する時刻を t_1〔s〕とする。速度と時間の関係式「$v = v_0 - gt$」より、

$$ア(\qquad) = 29.4 - 9.8t_1$$
$$t_1 = 3.0 \text{〔s〕}$$
答 3.0 s

(2) 最高点の高さを y〔m〕として、(1)の結果を、変位と時間の関係式「$y = v_0 t - \dfrac{1}{2}gt^2$」に代入する。

$$y = 29.4 \times 3.0 - \frac{1}{2} \times 9.8 \times 3.0^2$$
$$= 44.1 \fallingdotseq 44 \text{〔m〕}$$
答 44 m

(3) 地面に戻ってくる時刻を t_2〔s〕とする。変位と時間の関係式「$y = v_0 t - \dfrac{1}{2}gt^2$」に $y = 0$ を代入する。

$$0 = 29.4 \times t_2 - \frac{1}{2} \times 9.8 \times t_2^2$$
$$4.9 t_2^2 - 29.4 t_2 = 0$$
$$t_2^2 - 6 t_2 = 0$$
$$t_2(t_2 - 6) = 0$$
$$t_2 = 0, \quad イ(\qquad) \text{〔s〕}$$

0 sはボールを投げ上げた時刻なので不適。

答 イ(　　　　)秒後

(4) 地面に戻ってきたときの速度を v〔m/s〕として、(3)の結果を、速度と時間の関係式「$v = v_0 - gt$」に代入する。

$$v = 29.4 - 9.8 \times 6.0$$
$$= -29.4 \fallingdotseq -29 \text{〔m/s〕}$$

答 29 m/s, 初速度と逆向き

▶ **7** 〈鉛直投げ上げ運動〉初速度29.4m/sでボールを地面から鉛直に投げ上げた。重力加速度の大きさを9.8m/s²として、次の問いに答えよ。

(1) 2.0秒後のボールの速さは何m/sか。

(2) 2.0秒後のボールの高さは何mか。

(3) 地面から24.5mの高さをボールが通過するのは、投げ上げてから何秒後か。

▶ **8** 〈**$v-t$ グラフ**〉図は，小球を地面から鉛直に投げ上げたときの $v-t$ グラフである。鉛直上向きを正の向き，投げ上げた時刻を 0 秒として，次の問いに答えよ。ただし，重力加速度の大きさを $9.8\,\text{m/s}^2$ とする。

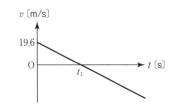

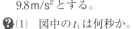(1) 図中の t_1 は何秒か。

答

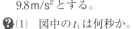(2) 小球が達する最高点の高さは地面から何 m か。

答

(3) 小球が地面に戻ってくる時刻は何秒か。

答

▶ **9** 〈**鉛直投げ上げ運動**〉時刻 $t = 0\,\text{s}$ に，初速度 $39.2\,\text{m/s}$ でボールを地面から鉛直に投げ上げた。次の問いに答えよ。ただし，重力加速度の大きさを $9.8\,\text{m/s}^2$ とする。

(1) 最高点に達する時刻は何秒か。

答

(2) 最高点の高さは何 m か。

答

(3) ボールが地面に戻ってくる時刻は何秒か。

答

(4) (3)のときの速度は何 m/s か。

答

▶ **10** 〈合成速度〉静水に対して7.0m/sで進む船が，流速1.0m/sで流れる川を往復する。川の流れの向きを正として，次の問いに答えよ。

(1) 船が川を下るとき，岸に対する船の速度は何m/sか。

答

(2) 船が川を上るとき，岸に対する船の速度は何m/sか。

答

(3) 船が流れに沿って川を24m往復すると，何秒かかるか。

答

▶ **11** 〈相対速度〉図のように，東西に一直線の道路上を3台の自動車A，B，Cが走っている。Aの速度は東向きに40m/s，Bは東向きに25m/sである。東向きを正として，次の問いに答えよ。

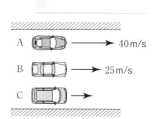

(1) Aに対するBの相対速度は何m/sか。

答

(2) Bに対するAの相対速度は何m/sか。

答

(3) Aに対するCの相対速度は西向きに30m/sであった。静止している人から見たCの速度は何m/sか。

答

▶ **12** 〈等加速度直線運動〉(2015 センター試験 改)

はじめ止まっていた自転車が一定の加速度で加速したところ，3秒後に速さが6m/sになった。次の問いに答えよ。

(1) このとき，加速度の大きさは何m/s²か。

答

(2) 進んだ距離は何mか。

答

▶ **13** 〈**等加速度直線運動**〉x軸上を正の向きに運動する物体が，$t = 0$s に原点Oを正の向きに4.0m/sの速度で通過した。その後，物体は等加速度直線運動を行い，$t = 10$s に点Pで向きを変え，x軸の負の向きに進んでいった。次の問いに答えよ。

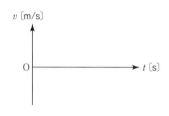

(1) この物体の運動の $v-t$ グラフをかけ。

(2) この物体の加速度は何m/s^{2}か。

答

(3) OP間の距離は何mか。

答

(4) 物体の速度がx軸の負の向きに2.0m/sになるのは何秒後か。(1)の $v-t$ グラフから求めよ。

答

(5) (4)のとき，物体の位置は何mの点か。

答

▶ **14** 〈**エレベーターの運動**〉図は，あるエレベーターの $v-t$ グラフである。次の問いに答えよ。

(1) 0 s ～20 s，20 s ～50 s，50 s ～70 s の加速度はそれぞれ何m/s^{2}か。

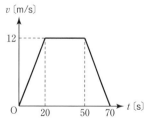

答　0 s ～20 s：

答　20 s ～50 s：

答　50 s ～70 s：

(2) このエレベーターの移動した距離は何mか。

答

▶ **15** 〈**自由落下運動と鉛直投げ下ろし運動**〉橋の上から小石Aを自由落下させ，小石Aを落下させてから
2.0秒後に小石Bを初速度39.2m/sで鉛直に投げ下ろした。重力加速度の大きさを9.8m/s²として，
次の問いに答えよ。

(1) 小石Bが小石Aに追いつくのは，小石Bを投げ下ろしてから何秒後か。

(2) (1)のとき，小石は橋の上の投げた位置から何m落下しているか。

▶ **16** 〈**鉛直投げ上げ運動**〉高さ39.2mのビルの屋上からボールを鉛直に9.8m/sの初速度
で投げ上げた。ボールは最高点に達したのち，ビルの横を通り地面に落下した。
重力加速度の大きさを9.8m/s²として，次の問いに答えよ。

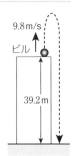

(1) ボールが最高点に達するのは，投げ上げてから何秒後か。

(2) 最高点の高さはビルの屋上から何mか。

(3) ボールが地面に落下するのは，投げ上げてから何秒後か。

(4) ボールが地面に達する直前の速さは何m/sか。

▶ **17** 〈**上昇中の気球からの落下運動**〉一定の速さv_0〔m/s〕で上昇している気球の上
で，地面から58.8mの高さになったとき，小球を静かにはなして落下させた。
すると，小球は4.0秒後に地面に達した。小球をはなしたときの気球の速さv_0
は何m/sか。ただし，重力加速度の大きさを9.8m/s²とする。

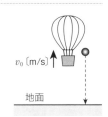

▶ **18**〈自由落下運動と鉛直投げ上げ運動〉高さ78.4mのビルの屋上から，小球Aを自由落下させると同時

に，小球Bを地面から39.2m/sの初速度で鉛直に投げ上げた。重力加速度の大きさを9.80m/s²とし

て，次の問いに答えよ。

⑴　地面から何mの高さで小球Aと小球Bはすれ違うか。

答

⑵　⑴のとき，小球A，小球Bの速度はそれぞれいくらか。

答　A：

答　B：

⑶　小球Bが地面に戻るのは，小球Aと小球Bがすれ違ってから何秒後か。

答

▶ **19**〈自由落下運動と鉛直投げ上げ運動〉(2013　センター試験　改)

図のように，高さhの位置から小物体Aを静かにはなすと同時に，地面から小物

体Bを鉛直に速さvで投げ上げたところ，2つの小物体は同時に地面に到達した。

vを表す式を求めよ。ただし，2つの小物体は同一鉛直線上にないものとし，重

力加速度の大きさをgとする。

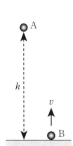

答

4 力の表し方

1 力とは 📖p.2 ❷
物体を変形させたり，運動の向きや速さなど運動の状態を変えたりする原因。

2 力の表し方 📖p.2 ❷
力には大きさと向きがあるので，矢印で表す。

作用点：物体が力を受ける点
作用線：作用点を通り力の向きに沿って引いた線

〈力の三要素〉… **大きさ・向き・作用点**

3 力の分類
☆重力…地球上にある物体が地球から引かれる力
★張力…糸でつるしたとき，糸などから引かれる力
★垂直抗力…接触した面から，面に垂直に押される力
★弾性力…変形しているばねなどから受ける力
★摩擦力…面から物体の運動を妨げる向きに受ける力
☆静電気力…電気(電荷)を持つ物体同士で及ぼし合う力
☆磁気力…磁石同士などで及ぼし合う力

★の力は，力を及ぼす物体と接触しているときのみ受ける力であり，☆の力は，接触していなくても受ける力である。

※力の単位には，ニュートン（記号：N）を用いる。

4 弾性力 📖p.2 ❷
フックの法則…弾性力の大きさFは，ばねの伸び（縮み）に比例する。

$$F = kx$$

F〔N〕：弾性力の大きさ
k〔N/m〕：ばね定数
x〔m〕：ばねの伸びまたは縮み

$F-x$グラフにおける傾きが，ばね定数の値となる。

ポイントチェック

※ 重力加速度の大きさを9.8m/s^2とする。

1 質量100kgの人が受ける重力の大きさは何Nか。

答

2 地球から受けている重力の大きさが49Nの物体の質量は何kgか。

答

3 10Nの力で引くと4.0cm伸びるばねの，ばね定数は何N/mか。

答

4 ばね定数2.0N/mのばねに10gのおもりを鉛直に下げたら何cm伸びるか。

答

5 次に示す力（矢印）は，何が何から受ける力か。（•は作用点を示す。）

(i) 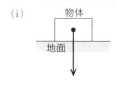　(ii)

答（i）

答（ii）

6 次の力の作用点（•）と向き（矢印で示す）を図にかき入れよ。

(i) 物体が床から押される力

(ii) ひもが物体から引かれる力

(iii) 鉄が磁石から引かれる力

(iv) ばねが天井から引かれる力

EXERCISE

例 題 5 ◆ ばねの弾性力 ▶32

右のグラフは，ばねにつるすおもりを徐々に増やしていったときの，弾性力の大きさとばねの伸びの関係を示している。次の問いに答えよ。

(1) グラフより，このばねのばね定数 k〔N/m〕を求めよ。

(2) このばねに20Nの力を加えたら何cm伸びるか。

(3) このばねを8.0cm伸ばすのに必要な力の大きさは何Nか。

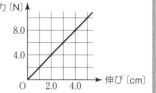

弾性力〔N〕

ここが
ポイント

弾性力 F とばねの伸び x との関係を表すグラフは「$F=kx$」で表されるので，グラフの傾きがばね定数 k である。グラフから数値を読み取るときは，単位に注意する。

◆解法◆

(1) $F-x$グラフの傾きが，ばね定数 k となる。伸びが 4.0cm（0.040m）のときの弾性力の大きさの値をグラフから読み取り，グラフの傾き k を求めると

$$k = \frac{\overset{\text{ア}(\quad\quad)}{}}{0.040} = 200 = 2.0\times10^2 \text{〔N/m〕}$$

答 $\mathbf{2.0\times10^2}$ N/m

(2) 「$F=kx$」の式を x について解く。ばね定数 k は(1)で求めた値と同じである。

$$x = \frac{F}{k} = \frac{20}{\overset{\text{イ}(\quad\quad)}{}} = 0.10 \text{〔m〕}$$

単位をmからcmに変換すると

$$x = 10\text{cm}$$ 答 **10cm**

(3) 「$F=kx$」の式から F を求める。ばね定数 k は(1)で求めた値と同じである。8.0cm＝0.080mに注意して

$$F = kx = 2.0\times10^2 \times \overset{\text{ウ}(\quad\quad)}{} = 16 \text{〔N〕}$$

答 **16N**

▶ **20 〈力の見つけ方〉** 次の(1)〜(8)の矢印は作用点（•）からはたらく力を示している。何が何から引かれる（押される）力か。

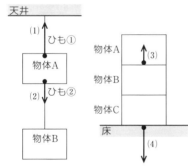

答 (1) _____

答 (2) _____

答 (3) _____

答 (4) _____

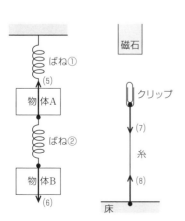

答 (5) _____

答 (6) _____

答 (7) _____

答 (8) _____

例題の答　ア：8.0　イ：2.0×10²　ウ：0.080

19

5 力のつり合い

1 力の合成

1つの物体が同時に2つ以上の力を受けるとき，これと同等のはたらきをする1つの力をもとの複数の力の**合力**という。合力は平行四辺形の法則から作図により求めることができる。これを**力の合成**という。

〈平行四辺形の法則〉 $\vec{F_1}$と$\vec{F_2}$のつくる平行四辺形の対角線が2つの力の合力$\vec{F}$である。

この向きが力の向きを，長さが力の大きさを表している。

$\vec{F}$〔N〕：合力
$\vec{F_1}$，$\vec{F_2}$，$\vec{F_3}$，…〔N〕
　　　：それぞれの力

$$\vec{F} = \vec{F_1} + \vec{F_2} + \vec{F_3} + \cdots$$

2 力の分解

1つの力を，これと同等のはたらきをする2つ以上の力に分けることを**力の分解**という。

〈力の成分表示〉

力を直交するx軸方向，y軸方向に分解し，その大きさに，それぞれ符号をつけて表したものをx成分，y成分という。

3 力のつり合い

物体が受ける2力がつり合うとき，**2力の大きさは等しく向きが反対**である。

これは，着目する1物体が受ける力の関係である。

F_1：糸がおもりを引く力の大きさ

F_2：地球がおもりを引く力（重力）の大きさ

力がつり合うとき，$F_1 = F_2$

ポイントチェック

① 次の力を合成して，その合力の大きさを求めよ。（1目盛1.0N）

(i)

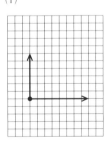

(ii)

答

② 次の力をx軸，y軸方向に分解し，そのx成分F_x〔N〕，y成分F_y〔N〕を求めよ。（1目盛1.0N）

(i)

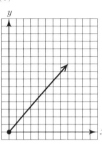

(ii)

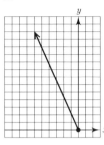

答 $F_x =$

答 $F_x =$

答 $F_y =$

答 $F_y =$

③ 次の10Nの力の分力F_x〔N〕，F_y〔N〕の大きさを求めよ。ただし，$\sqrt{3} = 1.7$とする。

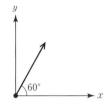

答 $F_x =$

答 $F_y =$

④ 次の力とつり合う力を図中に矢印で示し，その大きさを求めよ。（1目盛1.0N）

(i)

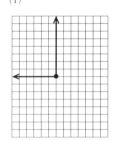

(ii)

答

答

⑤ 次のように物体が静止しているとき，つり合いの関係にある力は何と何か。

(i) 水平な机上で静止している物体

答

(ii) ばねで鉛直につるされている物体

答

EXERCISE

例題 6 ◆ 3力のつり合い

図のように重力の大きさが10Nの物体が，張力の大きさ T_A 〔N〕の糸 A
と，張力の大きさ T_B 〔N〕の糸Bで支えられている。次の問いに答えよ。
ただし，$\sqrt{2} = 1.41$ とする。

(1) 物体にはたらく力をすべて図中に記入せよ。

(2) 物体にはたらく力の水平方向，鉛直方向のつり合いの式を書き，
T_A，T_Bを求めよ。

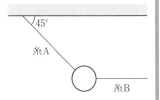

ここが ポイント 物体が静止しているとき，物体にはたらく力はつり合っている。水平方向，鉛直方向
ともにつり合いの式が成り立つ。糸Aの張力など斜め方向の力は，水平方向，鉛直
方向に分解する。

◆解法◆

(1) 物体は糸 A，糸Bか
ら張力を受け，鉛直下
向きに重力を受ける。
これらを図示すると右
のようになる。

答

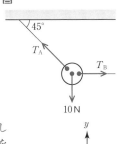

(2) 水平方向右向きを正とし
てx軸，鉛直方向上向きを
正としてy軸をとる。糸 A
の張力 T_A のx成分，y成分
をそれぞれ T_{Ax}，T_{Ay}とす
る。

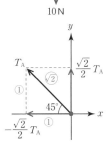

直角三角形の辺の比より

$$T_{Ax} = {}^{ア}(\qquad)$$

$$T_{Ay} = \frac{\sqrt{2}}{2} T_A$$

となる。よって，力のつり合いの式は

水平方向：$T_B - \frac{\sqrt{2}}{2} T_A = {}^{イ}(\qquad)$ ……①

鉛直方向：$\frac{\sqrt{2}}{2} T_A - {}^{ウ}(\qquad) = 0$ ……②

となる。

②より，$T_A = 10\sqrt{2} = 14.1 \fallingdotseq 14$ 〔N〕

①より，$T_B = \frac{\sqrt{2}}{2} T_A = \frac{\sqrt{2}}{2} 10\sqrt{2} = 10$ 〔N〕

答 $T_A = 14N$，$T_B = 10N$

▶**21** 〈3力のつり合い〉図のように，2本の糸で重さ6.0Nの物体がつるされている。糸A，B，C，Dそれ
ぞれの張力の大きさ T_A〔N〕，T_B〔N〕，T_C〔N〕，T_D〔N〕を求めよ。ただし，$\sqrt{3} = 1.73$ とする。

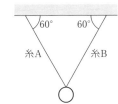

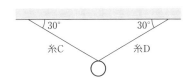

答 $T_A =$

答 $T_B =$

答 $T_C =$

答 $T_D =$

例題の答 　ア：$-\frac{\sqrt{2}}{2} T_A$ 　イ：0 　ウ：10

6 作用反作用と力のつり合い

1 作用反作用の法則　〜p.2 ❹

作用と反作用とは同一直線上にあり，同時に作用し合い，互いに逆向きで大きさが等しい。

〔反作用〕　　　　　〔作用〕
壁が手を押す力　　　手が壁を押す力
＝手が壁から押される力　＝壁が手から押される力

2 作用反作用と力のつり合い

〈力のつり合いの関係〉
… 着目する1物体が受ける力の関係

〈作用反作用の関係〉
… 2物体それぞれにはたらく力の関係

①：物体が地球から引かれる力（重力）
②：物体が台から押される力
③：台が物体から押される力

①と②はどちらも物体が受ける力であり，力のつり合いの関係。
②と③は物体と台が互いに押し合う2力であり，作用反作用の関係。

ポイントチェック

1 次の力を作用とすると，その反作用は何か。

（i）　床が物体から押される力

答

（ii）　おもりがばねから引かれる力

答

（iii）　地球が物体から引かれる力

答

（iv）　物体が手から押される力

答

2 次の力をそれぞれ図中に矢印で示せ。

（i）　物体Aにはたらく力　（ii）　物体Bにはたらく力

3 右のように軽いばねにつけられた物体が天井からつるされている。つり合いの関係にある力はどれとどれか。また，作用反作用の関係にある力はどれとどれか。

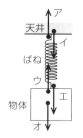

答　つり合い：

答　作用反作用：

4 次の図に示された力において，等号で示された関係は，作用反作用の関係か，つり合いの関係か。

（i）

F_1：物体が床から押される力
F_2：床が物体から押される力
W：物体の重力

答　$F_1 = W$：

答　$F_1 = F_2$：

（ii）

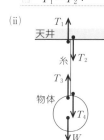

T_1：糸が天井から引かれる力
T_2：天井が糸から引かれる力
T_3：物体が糸から引かれる力
T_4：糸が物体から引かれる力
W：物体の重力

答　$T_3 = W$：

答　$T_3 = T_4$：

答　$T_1 = T_2$：

答　$T_1 = T_4$：

EXERCISE

▶22

例題7◆力のつり合い

重力の大きさ10Nの物体Aが、重力の大きさ16Nの物体Bの上にのっている。
それぞれの物体にはたらく力を矢印で示し、次の各力の大きさを求めよ。

(1) 物体Aが物体Bから押される力 F_A〔N〕

(2) 物体Bが床から押される力 F_B〔N〕

ここが ポイント 重力の他に、物体にはたらく力を見つけるには、接触している物体を見つける。物体が静止していれば、物体が受ける力はつり合っているといえる。

◆解法◆

(1) 物体Aは、重力の他に物体Bから上向きに力を受けているので、下図のようになる。

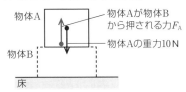

物体Aが物体B
から押される力 F_A

物体Aの重力10N

上図の物体Aにはたらく2力はつり合っているので、つり合いの式は

$$F_A - {}^{ア}(\quad) = 0$$

答 $F_A = {}^{ア}(\quad)$ N

(2) 物体Bが受ける力は、重力の他に、床から押される力 F_B と ${}^{イ}(\quad)$ から押される力があり、下図のようになる。

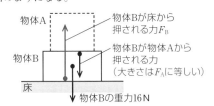

物体Bが床から
押される力 F_B

物体Bが物体Aから
押される力
（大きさは F_A に等しい）

物体Bの重力16N

物体Bが受ける力のつり合いの式は

$$10 + {}^{ウ}(\quad) - F_B = 0$$
$$F_B = 26〔N〕$$

答 $F_B = 26$N

▶**22 〈力のつり合い〉** 右図のように、重力の大きさが12Nの物体Aと18Nの物体Bが、糸1と糸2でつるされている。次の問いに答えよ。

(1) 物体A、物体B、糸2にはたらく力をそれぞれ図に矢印で示せ。

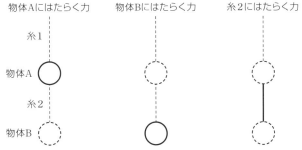

物体Aにはたらく力　　物体Bにはたらく力　　糸2にはたらく力

糸1

物体A

糸2

物体B

糸1

物体A

糸2

物体B

(2) 物体Aが糸2から引かれる力は何Nか。

答

(3) 物体Aが糸1から引かれる力は何Nか。

答

例題の答　　ア：10　イ：物体A　ウ：16

7 運動の三法則

1 慣性の法則（運動の第一法則）

物体が力を受けなければ，あるいは受けていてもその合力が0であれば，静止している物体は静止したままで，また運動している物体は等速直線運動を続ける。

2 運動の法則（運動の第二法則）

物体は力を受けると，その向きに加速度を生じる。加速度の大きさは，物体の受ける力に比例し，物体の質量に反比例する。

運動方程式 $\boxed{m\vec{a} = \vec{F}}$

m〔kg〕：質量
$\vec{a}$〔m/s²〕：加速度
$\vec{F}$〔N〕：物体にはたらく力

重力 重力加速度の大きさgは物体の質量によらず一定なので，運動方程式より，重力の大きさW〔N〕は次式で表される。

$\boxed{W = mg}$

m〔kg〕：質量
g〔m/s²〕：重力加速度の大きさ

3 作用反作用の法則（運動の第三法則）

作用と反作用の2力は同一直線上にあり，同時に作用し合い，互いに逆向きで大きさが等しい。
(p.22 **6 作用反作用と力のつり合い**)

ポイントチェック

1 以下の物理現象は運動の三法則のどの法則で説明することができるか。

(i) 野球で，二塁ベースにかけ込んだら止まれずにアウトになってしまった。

答

(ii) 橋から石を落としたら速さを増しながら落ちていった。

答

(iii) ボールを落としたら，地面ではね返った。

答

(iv) ラジコンカーが壁に衝突して，壁が壊れたが，ラジコンカーも破損した。

答

(v) 一定の力で物体を引っ張ったら，物体は速度を増した。

答

(vi) 手を洗ったらハンカチがなかったので，手を振って水を切った。

答

2 静止している車の速さが増すことは，「加速度が正で，速くなる」運動である。次の中から「負の加速度で速くなる」運動を選べ。

(i) ボールを鉛直に投げ上げた向きを正に軸をとり，投げ上げてから最高点までの運動

(ii) ボールを鉛直に投げ上げた向きを正に軸をとり，最高点から地面に落ちるまでの運動

(iii) 車が進行する向きを正に軸をとり，車がブレーキをかけて静止するまでの運動

(iv) 力を加えた向きを正に軸をとり，摩擦のない水平面を一定の力で引かれる運動

答

3 右図は，なめらかな面上で台車を右向きに動かしたときの$v-t$グラフを示している。ⓐ，ⓑ，ⓒで台車に力を加えていれば力の向きを，力を加えていなければ「力なし」と答えよ。

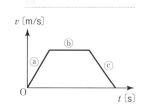

答 ⓐ： ⓑ： ⓒ：

4 台車を1.0Nで引いたときに比べて，3.0Nで引いたときの加速度は何倍か。

答

5 台車を同じ大きさの力で引くとき，台車の質量が0.50kgのときの加速度は，3.0kgのときの何倍か。

答

6 水平方向に質量1.5kgの台車を水平に0.60Nの力で引いたとき，加速度の大きさは何m/s²か。

答

EXERCISE

例題 8◆運動の法則

質量が 1.0 kg の台車を水平方向に引いて，台車の速度と時間の関係を調べた。引く力を 0.50N, 1.0N, 1.5N, 2.0N と変えていったところ，速度 v〔m/s〕と時間 t〔s〕の関係のグラフは右図のようになった。このグラフから加速度を求め，加速度 a〔m/s²〕と力 F〔N〕の関係を示すグラフを完成させよ。

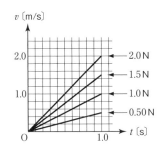
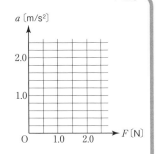

ここがポイント v–t グラフの傾きが加速度を示す。力の大きさがそれぞれの場合について，グラフの傾きから加速度を求める。

◆**解法**◆

(i) 力が 0.50N のとき，1.0s 後の速さが 0.50m/s なので，グラフの傾きから求めた加速度は

$$(加速度) = \frac{0.50}{1.0} = 0.50 〔m/s²〕$$

よって，力が 0.50N のときの加速度は，0.50m/s²

(ii) 同様に，力が 1.0N のときは

$$(加速度) = \frac{^{ア}(\qquad)}{1.0} = 1.0 〔m/s²〕$$

(iii) 力が 1.5N のときは

$$(加速度) = \frac{1.5}{1.0} = {}^{イ}(\qquad)〔m/s²〕$$

(iv) 力が 2.0N のときは

$$(加速度) = \frac{2.0}{1.0} = 2.0 〔m/s²〕$$

(i)から(iv)までの結果をグラフに記入すると，次のようになる。

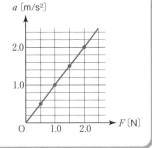

▶ **23** 〈**運動の法則**〉台車を 1.0N の力で水平方向に引いて，台車の速度と時間の関係を調べた。台車の質量を 0.50kg, 1.0kg, 1.5kg, 2.0kg と変えていったところ，速度 v〔m/s〕と時間 t〔s〕の関係のグラフは左下のようになった。このグラフからそれぞれの加速度 $a_{0.50}$〔m/s²〕, $a_{1.0}$〔m/s²〕, $a_{1.5}$〔m/s²〕, $a_{2.0}$〔m/s²〕を求め，加速度 a〔m/s²〕と質量 m〔kg〕の関係を示すグラフを完成させよ。

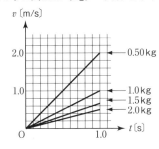
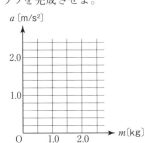

答　$a_{0.50} =$

答　$a_{1.0} =$

答　$a_{1.5} =$

答　$a_{2.0} =$

例題の答　ア：1.0　イ：1.5

1章 物体の運動

1 運動方程式の立て方

❶ 着目する物体が受ける力をすべてかき込む。
❷ 座標の正の向きを決める。着目する物体の加速度の矢印をかき込む。
❸ 着目する物体ごとに運動方程式を立てる。

（物体の質量）×（加速度）＝（物体が受ける合力）
$\quad\quad m \quad\quad\quad a \quad\quad\quad\quad\quad F$

2 空気抵抗を受ける物体の運動

落下する物体は鉛直下向きに重力，上向きに空気抵抗を受ける。

空気抵抗は速度が増すほど大きくなるので，やがて重力と空気抵抗がつり合う。

→ 一定の速度になる。（終端速度）

〈雨滴の落下〉

ポイントチェック

① 物体の加速度の向きを矢印で図中にかき込め。

（i）水平方向右向きに力が加わり，速さを増している物体

（ii）鉛直に，物体の重力より大きい力で引き上げられている物体

（iii）斜め上方に投射されている物体

（iv）なめらかな斜面に沿って上方へ打ち出された物体

（v）ブレーキをかけて減速している車

---

② なめらかな水平面に質量2.5kgの物体がある。右向きに10Nの一定の力，左向きに2.5Nの一定の力を加えた。物体の加速度はどの向きに何m/s²か。

③ なめらかな水平面を右向きに5.0m/sの速さで動いている質量1.2kgの台車に，6.0Nの力を左向きに加えて止めた。台車の加速度はどの向きに何m/s²か。

④ 質量10kgの物体を鉛直上向きに100Nの力で引くときの加速度はどの向きに何m/s²か。鉛直方向の運動方程式より求めよ。重力加速度の大きさを9.8m/s²とする。

⑤ 質量10kgの物体を鉛直上向きに引いたとき，加速度が下向きに2.0m/s²であった。このとき，物体を引いた力は何Nか。重力加速度の大きさを9.8m/s²とする。

E X E R C I S E

▶24

例題9◆斜面を下る物体の運動

水平面と30°をなすなめらかな斜面上に，質量10kgの物体を置いた。重力加速度の大きさを9.8m/s²とし，$\sqrt{3} = 1.7$として，次の問いに答えよ。

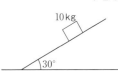

(1) 物体が受ける重力を，斜面に平行な方向と，斜面に垂直な方向に分解し，それぞれの力の大きさを求めよ。

(2) 物体に生じる加速度の大きさを求めよ。

 斜面上に置かれた物体が受ける力については，斜面に平行な方向と，斜面に垂直な方向に分けて考える。また，斜面に平行な方向に受ける力の合力で運動方程式を立てる。

◆解法◆

(1) 重力の大きさは，「$W = mg$」より，
$$W = 10 \times 9.8 = 98 \text{〔N〕}$$
また，斜面に平行な向きと垂直な向きに分解すると，右図より，

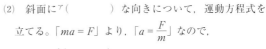

平行： $98\text{N} \times \dfrac{1}{2} = 49 \text{〔N〕}$

垂直： $98\text{N} \times \dfrac{\sqrt{3}}{2} = 83.3 \fallingdotseq 83 \text{〔N〕}$

答 平行：49N　垂直：83N

(2) 斜面に $^{ア}($ 　　　$)$ な向きについて，運動方程式を立てる。「$ma = F$」より，「$a = \dfrac{F}{m}$」なので，
$$a = \frac{^{イ}(\qquad)}{10} = 4.9 \text{〔m/s}^2\text{〕}$$

答 4.9m/s²

▶24 〈斜面に沿った物体の運動〉 図のように，水平面と30°をなし，長さが4.8mのなめらかな斜面がある。斜面の最下部に，質量20kgの物体を置き，大きさが110Nで斜面に平行な上向きの力を加え続けたところ，斜面の上方に運動をはじめた。重力加速度の大きさを9.8m/s²として，次の問いに答えよ。ただし，物体の大きさは無視できるほど小さいとする。

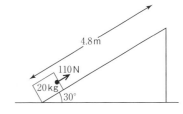

(1) 物体が受ける重力を，斜面に平行な方向と垂直な方向に分解して図示し，斜面に平行な分力の大きさを求めよ。

答

(2) 物体に生じる加速度をaとして，斜面に平行な方向の運動方程式を書け。

答

(3) 物体に生じる加速度の大きさを求めよ。

答

(4) 斜面を上りきるまでにかかる時間を求めよ。

答

1章

物体の運動

EXERCISE

▶25, 26, 27, 45

例題10◆押し合う2物体の運動方程式

なめらかな水平面に質量5.0kgの物体Aと質量1.0kgの物体Bが接して
置いてある。Aを9.0Nの力で水平右向きに押したときについて、次の
問いに答えよ。

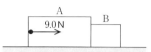

(1)　加速度の大きさをa〔m/s²〕、BがAから押される力の大きさをR
〔N〕として、物体A、Bそれぞれの運動方程式を書け。

(2)　(1)より加速度の大きさaは何m/s²か。また、BがAから押される力の大きさRは何Nか。

ここがポイント　物体A、物体Bそれぞれが水平方向に受ける力を考える。どちらも床からの摩擦力は
はたらかない。

◆解法◆

(1)　物体AおよびBにはたらく水平方向の力を図示す
ると、次のようになる。

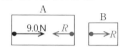

したがって、Aの運動方程式は
$$5.0a = 9.0 - R \quad \cdots\cdots ①$$
また、Bの運動方程式は

$$1.0a = R \quad \cdots\cdots ②$$

答 A：5.0a = 9.0 − R

B：1.0a = R

(2)　①+②より
$$6.0a = ア(\qquad)$$
$$a = \frac{9.0}{6.0} = 1.5 \text{〔m/s²〕}$$

答 1.5m/s²

②に代入して
$$R = 1.0 \times イ(\qquad) = 1.5 \text{〔N〕}$$

答 1.5N

▶25 〈押し合う2物体の運動方程式〉なめらかな水平面に質量4.0kg
の物体Aと質量がわからない物体Bが接して置いてある。Aを2.0N
の力で水平右向きに押したとき、0.40m/s²の加速度で動き出した。

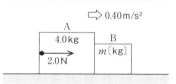

(1)　物体AとBが押し合う力の大きさをf〔N〕、物体Bの質量をm
〔kg〕として、物体A、Bについてそれぞれ運動方程式を書け。

答　A：

答　B：

(2)　(1)より、AとBが押し合う力の大きさf〔N〕、物体Bの質量m〔kg〕を求めよ。

答　$f =$

答　$m =$

▶ **26** 〈引き合う2物体の運動方程式〉なめらかな水平面に置か
れた物体A，Bが軽い糸で連結されている。物体Aを右向きに
2.4Nの力で水平に引いた。A，Bの質量をそれぞれ1.2kg，
0.80kgとし，糸の張力の大きさを T 〔N〕とする。

(1) 物体A，Bにはたらく水平方向の力を図中にすべて記入せよ。

(2) 物体A，Bそれぞれの水平方向の運動方程式を書け。ただし，加速度の大きさを a 〔m/s²〕とする。

答　A：

答　B：

(3) 物体の加速度の大きさは何m/s²か。また，AB間の糸の張力の大きさは何Nか。

答　加速度：

答　張力：

▶ **27** 〈糸でつながれた2物体の運動方程式〉軽い糸でつながれた質量2.0kgの物体A
と質量3.0kgの物体Bがつるされている。Aを鉛直方向上向きに，60Nの力で引き上
げた。次の問いに答えよ。ただし，重力加速度の大きさを9.8m/s²とし，糸の張力の
大きさを T 〔N〕とする。

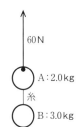

(1) 物体A，Bにはたらく力を，それぞれ下の図中にすべて記入せよ。

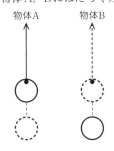

(2) 物体A，Bそれぞれの運動方程式を書け。ただし，加速度の大きさを a 〔m/s²〕とする。

答　A：

答　B：

(3) 物体の加速度の大きさは何m/s²か。また，糸の張力の大きさは何Nか。

答　加速度：

答　張力：

9 静止摩擦力と動摩擦力

1 静止摩擦力
物体が動かないときにはたらく摩擦力
静止摩擦力と垂直抗力の合力が抗力となる。

2 最大摩擦力 f_0
物体が動き出す直前の静止摩擦力

$f_0 = \mu N$　μ：静止摩擦係数　N〔N〕：垂直抗力の大きさ

3 動摩擦力 f'
運動している物体にはたらく摩擦力

$f' = \mu' N$　μ'：動摩擦係数　N〔N〕：垂直抗力の大きさ

※摩擦係数は接触する物体表面の材質で決まり，物体の接触面積によらない。

〈引く力と摩擦力の関係〉

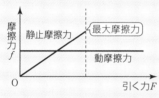

※「**あらい面**」とは**摩擦のある面**のことである。

ポイントチェック

※ 重力加速度の大きさを $9.8\,\mathrm{m/s^2}$ とする。

1 次の場合において，物体にはたらく摩擦力の向きを，図中に矢印で示せ。

(ⅰ) あらい面を水平に運動している。

(ⅱ) あらい斜面を滑り降りている。

(ⅲ) あらい斜面を引き上げられている。

(ⅳ) 物体をあらい面の台の上に置き台を引く。

(ⅴ) 鉛直なあらい面に水平に物体を押しつけている。

2 質量 $5.0\,\mathrm{kg}$ の物体をあらい床に置いて水平に $10\,\mathrm{N}$ で引いたとき，物体は動かなかった。物体と床との静止摩擦係数を 0.50 とすると，静止摩擦力は何Nか。

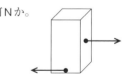

3 質量 $3.0\,\mathrm{kg}$ の直方体をあらい床に置いた。物体のすべての面と床との静止摩擦係数を 0.50 とする。

(ⅰ) $100\,\mathrm{cm^2}$ の面を下にして物体を引いたとき，最大摩擦力の大きさは何Nか。

(ⅱ) 物体を $50\,\mathrm{cm^2}$ の面を下にして引いたとき，最大摩擦力の大きさは何Nか。

4 質量 $2.0\,\mathrm{kg}$ の物体があらい床を滑っている。物体と床との動摩擦係数を 0.20 とすると，動摩擦力の大きさは何Nか。

EXERCISE

例題 11 ◆最大摩擦力 ▶28, 36, 37, 38

あらい水平面に，重力の大きさが50Nの物体が置いてある。次の問いに答えよ。

(1) 物体を引く力を徐々に大きくしていったところ，20Nを超えた瞬間に動き出
した。物体と床との間の静止摩擦係数を求めよ。

(2) 鉛直下向き30Nの力を物体に加えながら同じように水平に引くと，引く力
の大きさが f_1〔N〕を超えた瞬間に動き出した。f_1を求めよ。

(3) 鉛直上向き30Nの力を物体に加えながら水平に引くと，引く力の大きさが
f_2〔N〕を超えた瞬間に動き出した。f_2を求めよ。

ここが ポイント 最大摩擦力「$f_0 = \mu N$」である。垂直抗力は物体と床とが押し合う力であるから，その大きさは物体にはたらく鉛直方向の力のつり合いから求める。

◆解法◆

(1) このとき，最大摩擦力の大きさ $f_0 = 20$N である。また，物体が床から受ける垂直抗力の大きさ N〔N〕は，物体の ア（　　　　） の大きさと等しいので，「$f_0 = \mu N$」の関係より

$20 = \mu \times 50$

$\mu = 0.40$　　　　**答 0.40**

(2) 鉛直下向きに30Nの力を加えると，物体にはたらく鉛直方向の力のつり合いは

$50 + 30 - N =$ イ（　　　　）

$N = 80$〔N〕

よって，最大摩擦力の大きさは「$f_0 = \mu N$」より

$f_1 = 0.40 \times 80 = 32$〔N〕　　　**答 f_1 = 32N**

(3) 鉛直上向きに30Nの力を加えると，物体にはたらく鉛直方向の力のつり合いは

$50 -$ ウ（　　　　）$- N = 0$

$N = 20$〔N〕

よって，最大摩擦力の大きさは「$f_0 = \mu N$」より

$f_2 = 0.40 \times 20 = 8.0$〔N〕　　　**答 f_2 = 8.0N**

▶**28 〈斜面での摩擦力〉** 水平面に対して60°だけ傾いたあらい斜面を，重力の
大きさ20Nの物体が滑り降りている。物体にはたらく力は図のとおりである。
次の問いに答えよ。

(1) 重力を斜面に平行な方向と斜面に垂直な方向に分解し，それぞれの大き
さを求めよ。ただし，$\sqrt{3} = 1.73$ とする。

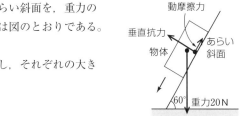

答 斜面に平行な方向：

答 斜面に垂直な方向：

(2) 物体にはたらく動摩擦力の大きさを求めよ。ただし，物体と斜面との間の動摩擦係数 μ' の値を0.30
とする。

答

10 いろいろな力

1 気圧と水圧 📖 p.2 ❸

圧力 P〔Pa〕：1 m²あたりの面を垂直に押す力の大きさ

$$P = \frac{F}{S}$$

F〔N〕：面を押す力
S〔m²〕：力に垂直な面積

大気圧 P_0〔Pa〕：物体が空気から受ける圧力
　地上で1気圧 ≒ $1.013×10^5$ Pa

水圧 P〔Pa〕：水中で水から受ける圧力

$$P = \rho gh + P_0$$

ρ〔kg/m³〕：水の密度
g〔m/s²〕：重力加速度の大きさ
h〔m〕：水面からの深さ
P_0〔Pa〕：大気圧

2 浮力 📖 p.2 ❸

流体中の物体にはたらく力

$$F = \rho Vg$$

F〔N〕：浮力の大きさ
V〔m³〕：流体中の物体の体積
g〔m/s²〕：重力加速度の大きさ
ρ〔kg/m³〕：流体の密度

〈アルキメデスの原理〉
　流体（液体や気体）中の物体は，その物体が押しのけた流体の重さに等しい浮力を受ける。

ポイントチェック

※ ①〜⑥において，大気圧：$1.0×10^5$ Pa，水の密度：
$1.0×10^3$ kg/m³，重力加速度の大きさ：9.8 m/s²とする。

① 10 cm×10 cm×5.0 cm の直方体の木片がある。
この木片にかかる重力の大きさは2.0Nである。

(i) 10 cm×10 cm の面を下にして，木片を床に置いた。このとき，接している床にかかる圧力は何Paか。

(ii) 10 cm×5.0 cm の面を下にして，木片を床に置いた。このとき，接している床にかかる圧力は何Paか。

② 机の上に面積0.30 m²のゴム板を置いた。この板が大気圧により受ける力の大きさは何Nか。

③ 水深10mでの水圧は水面より何Pa大きいか。

④ 水の中にある体積 $3.0×10^{-4}$ m³ の物体にはたらく浮力の大きさは何Nか。

⑤ ④の物体の密度が $2.7×10^3$ kg/m³ のとき，物体の質量は何kgか。

⑥ 4つの物体A，B，C，Dがある。これらの物体を糸でつるして水中に沈めた。下図の状態で発生する浮力を大きい順に答えよ。

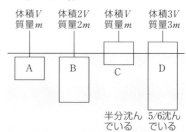

E X E R C I S E

▶29, 41

例題 12 ◆ 浮力の大きさ

重力の大きさ30Nの物体をばねばかりにつるして水の中に入れた。水の密度を
1.0×10^3kg/m³ とし，重力加速度の大きさを9.8m/s² として，次の問いに答えよ。

(1) 物体全体を水の中に入れたらばねばかりが10Nを示した。このとき，物体
にはたらく浮力の大きさは何Nか。

(2) この物体の体積は何m³か。

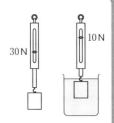

ここが ポイント　水の中にある物体には浮力がはたらくので，水の中では浮力を含めた力のつり合いを
考える。また，浮力の大きさ「$F = \rho V g$」の関係を利用する。

◆解法◆

(1) 水の中にある物体にはたら
く浮力の大きさをF〔N〕とす
ると，物体にはたらく力は図
のようになる。力のつり合い
より

$$30 - {}^{ア}(\qquad) - F$$
$$= 0$$
$$F = 20 〔N〕$$

答 20N

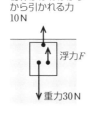

物体がばねばかり
から引かれる力
10N

浮力F

重力30N

(2) 浮力の大きさFは，「$F = \rho V g$」と表せるので，
物体の体積をV〔m³〕とすると

$$20 = {}^{イ}(\qquad) \times V \times 9.8$$
$$V = 2.04 \times 10^{-3} \fallingdotseq 2.0 \times 10^{-3} 〔m³〕$$

答 2.0×10^{-3}m³

▶**29** 〈**浮力の大きさ**〉同じ形状と材質で，ともに重力の大きさが5.0Nの物体Aと物体B
が糸でつながっている。これを図のようにばねばかりでつるし，物体Bのみを水の中に
沈めた。このときばねばかりは5.1Nを示した。水の密度を 1.0×10^3kg/m³ とし，重力
加速度の大きさを9.8m/s² として，次の問いに答えよ。

(1) 物体Bにはたらく浮力の大きさは何Nか。

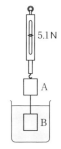

答

(2) 2つの物体とも水の中に入れたとき，ばねばかりは何Nを示すか。

答

(3) 物体Aと物体Bの体積の合計は何m³か。

答

▶ **30** 〈**滑車における力のつり合い**〉図のように重さ20Nの物体が軽い動滑車Aと定
滑車Bにより，ひもで鉛直につるされ，静止している。

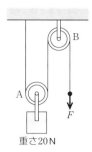

(1) 摩擦や滑車の質量を無視すると，滑車の両端に加わる力は等しい。このこ
とを使って，滑車A，Bにはたらく力をすべて図示し，大きさを記号か数値
で表せ。ただし，滑車A，Bにはたらくひもの張力の大きさをそれぞれ T_A
〔N〕，T_B〔N〕とする。また，T_Aを求めよ。

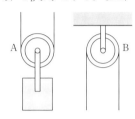

答　$T_A =$ ＿＿＿＿＿＿＿＿

(2) 鉛直方向の力のつり合いより，物体を静止させるのに必要な力の大きさFを求めよ。

答　$F =$ ＿＿＿＿＿＿＿＿

▶ **31** 〈**3力のつり合い**〉物体が糸P，糸Qで，ab : bc : ca = 4 : 3 : 5，
∠abc = 90°になるようにつり下げられている。物体にかか
る重力の大きさをWとして，次の問いに答えよ。

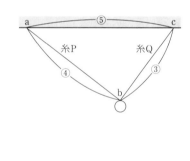

(1) 物体にはたらく糸P，糸Qの張力
T_P，T_Qをそれぞれ右図中に矢印で示
せ。

(2) 糸P，糸Qの張力の大きさT_P，T_Qを，それぞれWを用いて表せ。なお，下図中の○と×は角度
の大きさを示している。

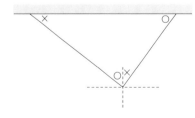

答　$T_P =$ ＿＿＿＿＿＿＿＿

答　$T_Q =$ ＿＿＿＿＿＿＿＿

▶ 32 〈ばねの連結〉図1のようにおもりAを下げると自然の長さよりaだけ伸びて静止する軽いばねがある。このばねに糸や棒を用いておもりをつなぎ，次の(1)〜(5)のような状態をつくった。おもりがつり合いの位置まで移動したとき，1つのばねの伸びはそれぞれaの何倍か。

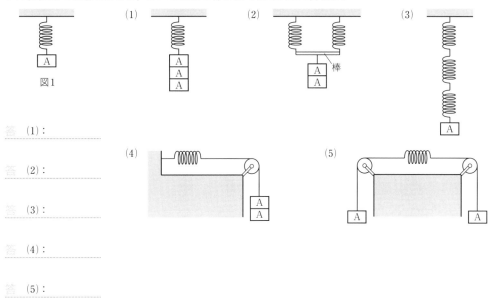

図1

答　(1)：

答　(2)：

答　(3)：

答　(4)：

答　(5)：

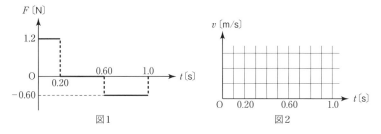

🧠 ▶ 33 〈運動の法則〉下の図1は，静止していた質量0.60kgの台車を引いて，再び静止するまでの力 F〔N〕と時間 t〔s〕の関係を示している。このグラフをもとにして，図2に v−t グラフをかけ。また，0 s〜1.0s までに台車が移動した距離は何mか。

答

▶ **34** 〈鉛直方向の運動〉ひもにつけたおもりを鉛直方向上向きに
　　動かしたときの速さ v〔m/s〕の時間 t〔s〕に対する変化を
　　グラフにすると，右図のようになった。おもりの質量を
　　0.50 kg，重力加速度の大きさを 9.8 m/s^2 として，次の問い
　　に答えよ。

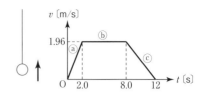

⑴　おもりの加速度の大きさを a〔m/s^2〕，ひもの張力の大き
　　さを T〔N〕として，おもりの鉛直方向の運動方程式を書
　　け。ただし，鉛直上向きを正とする。

答 _____

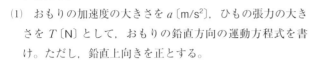

❓⑵　この運動方程式を用いて，ⓐ，ⓑ，ⓒのときのひもの張力の大きさは何Nかを求めよ。

答　ⓐ：_____

答　ⓑ：_____

答　ⓒ：_____

▶ **35** 〈斜面に置かれた物体の運動〉質量 10 kg の物体を 45°のなめらかな斜面に置
　　いて，斜面に沿って上向きに 89 N の力で引き上げた。次の問いに答えよ。
　　重力加速度の大きさを 9.8 m/s^2 とする。

⑴　重力を斜面に平行な方向と斜面に垂直な方向に分解し，そのうち，斜面
　　に平行な方向の力の大きさは何Nか求めよ。ただし，$\sqrt{2}$ = 1.41 とする。

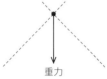

重力

答 _____

⑵　加速度の大きさは何m/s^{2}か。

答 _____

▶ 36〈静止摩擦力と動摩擦力〉(2006　センター試験　改)

図1のように, 水平なあらい床の上に重力の大きさ W の物体を置き, 力を加えて水平方向に引く。引く力の大きさ f を徐々に大きくしていくと, 物体にはたらく摩擦力の大きさ F は, 図2のグラフに示すように変化した。

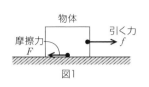
図1

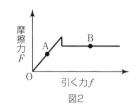
図2

(1) 図2の点A, Bのそれぞれにおける摩擦力の大きさ F と物体の運動の状態について正しく説明しているものを次の①〜⑥から選べ。静止摩擦係数を μ, 動摩擦係数を μ' とする。

① $F = f$ で, 物体は静止している。

② $F = \mu W$ で, 物体は静止している。

③ $F = \mu' W$ で, 物体は静止している。

④ $F = f$ で, 物体は運動している。

答　点A：

⑤ $F = \mu W$ で, 物体は運動している。

⑥ $F = \mu' W$ で, 物体は運動している。

答　点B：

(2) 物体の重力の大きさを $2W$ に増やした場合, f と F の関係を示すグラフとして適当なものを次の①〜④から選べ。μ や μ' の値は変化しないものとし, 重力の大きさを増やす前のグラフを点線で示している。

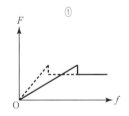
①

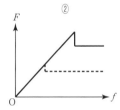
②

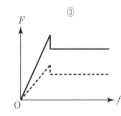
③

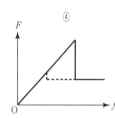
④

答

▶ 37〈最大摩擦力〉重力の大きさ W の物体があらい斜面上に置いてある。徐々に斜面の角度を大きくしていったところ, $30°$ を超えた瞬間に物体は動きはじめた。次の問いに答えよ。

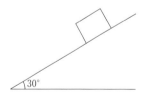

(1) 斜面の角度が $30°$ のとき, 重力を斜面に平行な方向・斜面に垂直な方向に分解し, それぞれの大きさを W を用いて表せ。

答　斜面に平行な方向：

答　斜面に垂直な方向：

(2) 物体と斜面との静止摩擦係数を求めよ。ただし, $\sqrt{3} = 1.7$ とする。

答

▶ **38** 〈**摩擦力と力のつり合い**〉床に置いた物体を図のような向きで引
いた。物体にかかる重力の大きさが16Nのとき，次の問いに答
えよ。

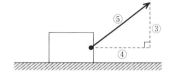

(1) 引く力の大きさが10Nを超えた瞬間に物体は動きはじめた。
引いた力10Nを水平方向・鉛直方向に分解したとき，それぞ
れの大きさが何Nか求めよ。

　　　　　　　　　　　　　　　　　　　　　　答　水平方向：

　　　　　　　　　　　　　　　　　　　　　　答　鉛直方向：

(2) (1)のとき，鉛直方向の力のつり合いから，物体にはたらく垂直抗力の大きさは何Nか求めよ。

　　　　　　　　　　　　　　　　　　　　　　答

(3) (1)のとき，水平方向の力のつり合いから，最大摩擦力の大きさは何Nか求めよ。

　　　　　　　　　　　　　　　　　　　　　　答

(4) 物体と床との間の静止摩擦係数を求めよ。

　　　　　　　　　　　　　　　　　　　　　　答

▶ **39** 〈**摩擦がある水平面での運動**〉水平であらい床面に，質量5.0kgの物体があ
る。この物体に対し，図のように7.9Nの力を加えたら，0.60m/s²の加
速度で右向きに動き出した。

(1) 物体にかかる動摩擦力の大きさを f' 〔N〕として，水平方向の運動方程式を書け。

　　　　　　　　　　　　　　　　　　　　　　答

(2) 動摩擦力の大きさは何Nか求めよ。

　　　　　　　　　　　　　　　　　　　　　　答

(3) 物体と床面との間の動摩擦係数 μ' を求めよ。

　　　　　　　　　　　　　　　　　　　　　　答

▶ **40** 〈油圧の原理〉断面積がSのピストンAと，断面積が$2S$のピストンBが図のように容器に設置されており，内部は密度ρの水で満たされている。ピストンの質量は無視でき，大気圧をP_0，重力加速度の大きさをgとして，次の問いに答えよ。

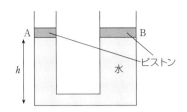

(1) どちらのピストンとも容器の底からhの高さにあるとき，容器の底での水圧を求めよ。

答

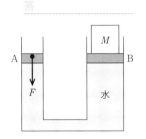

🧠(2) ピストンBの上に質量Mのおもりをのせ，ピストンAとピストンBが同じ高さになるようにピストンAに力を加えた。このとき，ピストンAを押す力の大きさFを求めよ。

答

(3) (2)のとき，容器の底での水圧はいくらになったか。

答

▶ **41** 〈浮力の反作用〉（2008　センター試験追試　改）
密度ρ，体積Vの液体が入った容器が，台ばかりにのっている。図のように，密度ρ'，体積V'の球を糸でつるし，液体中で静止させた。重力加速度の大きさをgとして，次の問いに答えよ。ただし，$\rho < \rho'$とし，容器の質量は無視できるとする。

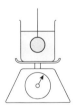

🧠(1) はかりが示す力の大きさはいくらか。下の選択肢の①〜⑥から選べ。

答

(2) 次に，糸を切り離すと，球は容器の底に沈み静止した。このとき，はかりが示す力の大きさはいくらか。下の選択肢の①〜⑥から選べ。

選択肢

　① $\rho' V g$　　　② $\rho'(V + V')g$　　　③ $(\rho V + \rho' V')g$

　④ $\rho V g$　　　⑤ $\rho(V + V')g$　　　⑥ $(\rho' V + \rho V')g$

答

▶ **42 〈連結された物体の運動〉** 軽いひもで連結された
3台の台車が摩擦のない水平面に置かれている。
台車A（質量0.60kg）を右向きに3.6Nの力で
引いたら、ひもはピンと張った状態で台車B
（質量0.50kg）、C（質量0.40kg）も動き出した。
右向きを正の向きとして、次の問いに答えよ。

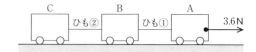

(1) 台車A, B, Cについてそれぞれ運動方程式を書け。ただし、加速度の大きさを a 〔m/s²〕, Aが
ひも①から引かれる力の大きさを T_1 〔N〕, Bがひも②から引かれる力の大きさを T_2 〔N〕とする。

答　A：

答　B：

答　C：

(2) 台車の加速度の大きさは何m/s²か。

答

(3) ひも①, ②の張力の大きさはそれぞれ何Nか。

答　①：

答　②：

▶ **43 〈連結された物体の運動〉** 図のようになめらかで水平な机に置か
れた物体（質量4.0kg）におもり（質量0.90kg）を軽いひもで
つなぎ、おもりを軽くてなめらかな滑車を通して鉛直に下げ、
手をはなした。次の問いに答えよ。

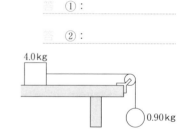

(1) 物体の加速度の大きさを a 〔m/s²〕, ひもの張力の大きさ
を T 〔N〕として、物体の水平方向の運動方程式を書け。

答

(2) おもりの鉛直方向の運動方程式を書け。

答

(3) 加速度の大きさは何m/s²か。また、ひもの張力の大きさは何Nか。

答　加速度：

答　張力：

▶ 44 〈アトウッドの装置〉定滑車に軽いひもでつながれた質量4.3kgの物体Aと質量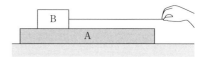

5.5kgの物体Bをつるして，同時に手をはなした。重力加速度の大きさを9.8m/s²として，次の問いに答えよ。

(1) 加速度の大きさを a〔m/s²〕，ひもの張力の大きさを T〔N〕，運動の向きを正として，物体A，Bそれぞれについての鉛直方向の運動方程式を書け。

答　A：

答　B：

(2) 物体A，Bの加速度の大きさは何m/s²か。

答

(3) 物体間を結ぶひもの張力の大きさは何Nか。

答

▶ 45 〈摩擦がある2物体の運動〉(2013　センター試験追試　改)

図のように，水平な床の上に質量 M の台Aがあり，その上に質量 m の物体Bがある。物体Bの側面に軽くて細い糸がついており，手で引くことができる。床と台Aの間と，台Aと物体Bの間には，それぞれ摩擦力がはた

らくとする。ただし $M>m$ であり，重力加速度の大きさを g とする。

(1) 糸に，水平で大きさ F の力を加えたところ，台Aと物体Bは一体となって動いた。床と台Aの間にはたらく動摩擦力の大きさを f_1 としたとき，台Aと物体Bの加速度の大きさを表す式として正しいものを，次の①〜⑥のうちから1つ選べ。

① $\dfrac{F-f_1}{m}$　　　　② $\dfrac{F-f_1}{M+m}$　　　　③ $\dfrac{F+f_1}{m}$

④ $\dfrac{F+f_1}{M+m}$　　　⑤ $\dfrac{F}{M+m}-\dfrac{f_1}{m}$　　⑥ $\dfrac{F}{M+m}+\dfrac{f_1}{m}$

答

(2) (1)において，床と台Aとの間の動摩擦係数を μ' としたとき，f_1 を表す式として正しいものを，次の①〜⑤のうちから1つ選べ。

① $\mu'Mg-\dfrac{MF}{M+m}$　　② $\mu'Mg-\dfrac{mF}{M+m}$　　③ $\mu'Mg$

④ $\mu'(M-m)g$　　　　　　⑤ $\mu'(M+m)g$

答

(3) さらに物体Bに加える力を大きくすると，物体Bは台A上をすべり，台Aは床に対して等速直線運動をした。台Aと物体Bとの間の動摩擦力の大きさを f_2 としたとき，f_1 と f_2 との関係を表す式として正しいものを，次の①〜⑥のうちから1つ選べ。

① $f_1=f_2$　　　　　　② $f_1=\dfrac{M}{m}f_2$　　　　　③ $f_1=\dfrac{m}{M}f_2$

④ $f_1=\dfrac{M}{M+m}f_2$　　⑤ $f_1=\dfrac{m}{M+m}f_2$　　⑥ $f_1=\dfrac{m+M}{M}f_2$

答

11 仕事

1 仕事 ▼p.4 ⑤

物体に力を加え，その物体が移動するとき，「力は物体に**仕事**をする」という。

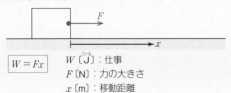

$$W = Fx$$

W 〔J〕：仕事
F 〔N〕：力の大きさ
x 〔m〕：移動距離

・力の向きと移動する向きが逆のとき

〈例：動摩擦力がする仕事〉

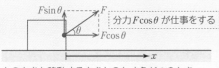

（力の向きに $-x$ だけ移動したと考える）

$$W = -Fx$$

・力の向きと移動する向きが垂直のとき

〈例：垂直抗力がする仕事〉

（力の向きには移動していない）

$$W = 0$$

・力の向きと移動する向きが斜めのとき

> 分力 $F\cos\theta$ が仕事をする

力の向きと移動する向きとのなす角が θ のとき，
・分力 $F\cos\theta$ の向きに x だけ移動している
・分力 $F\sin\theta$ の向きには移動していない
（分力 $F\sin\theta$ は仕事をしない）

$$W = Fx\cos\theta$$

2 仕事の原理 ▼p.4 ⑤

てこや斜面，動滑車などの道具を使って，必要な力を小さくできても，その分移動距離が長くなり，必要な仕事の量は変わらない。

3 仕事率 ▼p.4 ⑤

単位時間あたりの仕事

$$P = \frac{W}{t}$$

$$P = Fv$$

P 〔W〕：仕事率
W 〔J〕：仕事
t 〔s〕：時間
F 〔N〕：力の大きさ
v 〔m/s〕：速さ

ポイントチェック

① 物体に30Nの力を加え，同じ向きに4.0m動かした。この力がした仕事は何Jか。

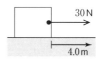

答

② 運動している質量10kgの物体が，あらい床面上を3.0mすべったところで静止した。動摩擦力の大きさが20Nのとき，動摩擦力のした仕事は何Jか。

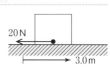

答

③ ②のとき，垂直抗力がした仕事は何Jか。

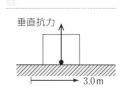

答

④ 動滑車はものを持ち上げるのに必要な力を半分にすることができる。荷物を0.50m持ち上げるには，動滑車に通したひもを何m引かなければならないか。ただし，滑車とひもの質量や摩擦は無視できるものとする。

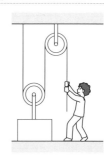

答

⑤ 質量12kgの荷物を一定の速さで0.50m持ち上げるのに1分かかった。重力加速度の大きさを9.8m/s² として，このときの仕事率を求めよ。

答

EXERCISE

13 ◆ 斜めにはたらく力がする仕事 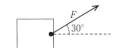 ▶46

図のように，なめらかな水平面上の物体にひもをつけ，水平方向となす角30°
の向きに大きさ30Nの力Fを加え続け，水平方向に2.0m移動させた。次の
問いに答えよ。ただし，$\sqrt{3} = 1.7$とする。

(1) 力Fがした仕事は何Jか。

(2) 物体が水平面から受ける垂直抗力がした仕事は何Jか。

 (1) 仕事は，力を分解して「(分力)×(距離)」から求めることもできるし，直接
「$W = Fx\cos\theta$」を用いて求めることもできる。

(2) ここでは，垂直抗力と物体の移動方向は垂直（なす角が90°）である。

◆解法◆

(1) 物体が受ける力を水平方向と鉛直方向に分解した
とき，水平方向の分力は$30 \times$ ᵃ(　　　　)〔N〕
である。よって，求める仕事は

$$(30 \times \cos 30°) \times 2.0 = 30\sqrt{3} = 51 \text{〔J〕}$$

答 51 J

〈別解〉 物体の移動方向と力Fがなす角は，30°で
ある。よって，仕事の定義式

「$W =$ ᵢ(　　　　　　)」より，
$30 \times 2.0 \times \cos 30°$〔J〕を計算すればよい。

(2) 物体の移動方向と垂直抗力がなす角は90°（垂直）
である。よって，垂直抗力の大きさをN〔N〕とす
ると，求める仕事は

$$N \times 2.0 \times \cos 90° = N \times 2.0 \times ᵘ(\quad) = 0 \text{〔J〕}$$

答 0 J

▶**46** 〈斜めにはたらく力がする仕事〉図のように，あらい水平面上の物体に
ひもをつけ，水平方向となす角45°の向きに大きさ40Nの力Fを加え続け，
一定の速さで水平方向に2.0m移動させた。次の問いに答えよ。ただし，
$\sqrt{2} = 1.4$とする。

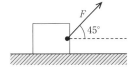

(1) 力Fがした仕事は何Jか。

答＿＿＿＿＿

(2) 物体が水平面から受ける垂直抗力がした仕事は何Jか。

答＿＿＿＿＿

(3) 動摩擦力の大きさは何Nか。

答＿＿＿＿＿

(4) 動摩擦力がした仕事は何Jか。

答＿＿＿＿＿

例題の答　　ア：$\cos 30°$　　イ：$Fx\cos\theta$　　ウ：0

2章 エネルギー

12 仕事とエネルギー

1 エネルギー

物体が他の物体に対して仕事をする能力をもっているとき，その物体はエネルギーをもっているという。すなわち，**エネルギーとは物体がもつ仕事をする能力のこと**である。よって，エネルギーの単位は仕事と同じ〔J〕を用いる。

2 運動エネルギー

運動している物体がもつエネルギー

$K = \dfrac{1}{2}mv^2$

K〔J〕：運動エネルギー
m〔kg〕：物体の質量
v〔m/s〕：物体の速さ

3 運動エネルギーの変化と仕事

物体の運動エネルギーの変化量は，外部からされた仕事に等しい。

$\dfrac{1}{2}mv^2 - \dfrac{1}{2}mv_0^2 = W$

m〔kg〕：物体の質量
v_0〔m/s〕：はじめの速さ
v〔m/s〕：あとの速さ
W〔J〕：物体がされた仕事

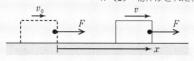

4 重力による位置エネルギー

高いところにある物体がもつエネルギー

$U = mgh$

U〔J〕：重力による位置エネルギー
m〔kg〕：物体の質量
g〔m/s²〕：重力加速度の大きさ
h〔m〕：基準面からの高さ

重力に逆らって，物体をゆっくりとh〔m〕持ち上げるときに必要な仕事は，$mg \times h = mgh$〔J〕

高さの基準面は地面の位置にとることが多いが，場合に応じて床や海面など任意の位置に選ぶことができる。

5 弾性力による位置エネルギー

変形したばねがもつエネルギー

$U = \dfrac{1}{2}kx^2$

U〔J〕：弾性力による位置エネルギー
k〔N/m〕：ばね定数
x〔m〕：自然の長さからの変位

$F-x$グラフの面積は仕事に等しい。ばねを変形させるときに必要な仕事は右図の三角形の面積に等しい。

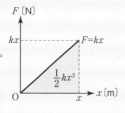

① 質量60kgの人が速さ2.0m/sで走っているときの運動エネルギーは何Jか。

答

② 物体の速さを2倍にすると，その物体の運動エネルギーは，もとの何倍になるか。

答

③ 速さ3.0m/sで動いている質量6.0kgの物体に，5.0Nの力を運動する向きに加え続けながら2.0m移動させた。この物体の運動エネルギーは何Jになったか。

答

④ 地面から高さ30mのマンションのベランダにある，質量1.0kgの植木鉢の重力による位置エネルギーは何Jか。地面を高さの基準面とし，重力加速度の大きさは9.8m/s²とする。

答

⑤ ばね定数20N/mのばねを自然の長さから10cm伸ばしているときの弾性力による位置エネルギーは何Jか。

答

EXERCISE

例題14◆仕事と運動エネルギー

なめらかな水平面上で静止している質量2.0kgの物体に，10Nの力を水平方向に加え続けて，速さが5.0m/sになるまで加速した。次の問いに答えよ。

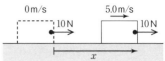

(1) この間における，物体の運動エネルギーの変化 ΔK〔J〕を求めよ。

(2) 物体の変位を x〔m〕としたとき，この力がした仕事 W〔J〕はいくらか。xを用いて表せ。

(3) x を求めよ。

(1) 加速した後（5.0m/sのとき）の運動エネルギーと，加速する前（静止しているとき）の運動エネルギーの差を求める。

(2) 物体が受ける力の向きと，移動する向きは同じである。

(3) 物体の運動エネルギーの変化量は，物体がされた仕事に等しい。

◆解法◆

(1) 物体の速さが5.0m/sになったときの運動エネルギーと，静止しているときの運動エネルギーの差を求めればよいので，「$K = \dfrac{1}{2}mv^2$」より

$$\Delta K = \frac{1}{2} \times 2.0 \times 5.0^2 - {}^{\mathcal{P}}(\qquad) = 25 \text{〔J〕}$$

答 $\Delta K = 25$ J

(2) 物体の移動する向きと物体が受ける力の向きは ${}^{\prime}(\qquad)$ なので，「$W = Fx\cos\theta$」より

$$W = 10 \times x \times \cos 0° = 10x \text{〔J〕}$$

答 $W = 10x$〔J〕

(3) 物体の運動エネルギーの変化量 ΔK は，物体がされた仕事 W に等しいので

$$\Delta K = W$$
$$25 = 10x$$
$$x = 2.5 \text{〔m〕}$$

答 $x = 2.5$ m

▶**47 〈重力がする仕事と位置エネルギー〉** 質量0.10kgの物体を点Aから静かにはなしたところ，点Aから10mだけ下の点Bを，速さ v〔m/s〕で通過した。重力による位置エネルギーの基準面を点Bの位置，重力加速度の大きさを9.8m/s² として，次の問いに答えよ。

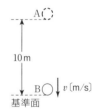

(1) 点Aにおいて物体がもつ，重力による位置エネルギー E_A〔J〕はいくらか。

答

(2) 点Bにおいて物体がもつ，重力による位置エネルギー E_B〔J〕はいくらか。

答

(3) E_A と E_B の差 $(E_A - E_B)$ と，重力がした仕事 W〔J〕との間にはどのような関係があるか。

答

(4) v は何m/sか。

答

例題の答　ア：0　イ：同じ

E X E R C I S E

図のような水平面があり，点Aより左はなめらかで，右は動摩擦係数0.25のあらい面になっている。図の右向きに0.70m/sで運動していた質量0.40kgの物体が，点Aを通過し，距離x〔m〕だけ進んだ後に停止した。重力加速度の大きさを9.8m/s²として，次の問いに答えよ。

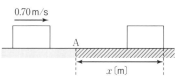

(1) 物体が点Aより右で受ける動摩擦力の大きさは何Nか。

(2) 物体が点Aを通過してから停止するまでの間の，運動エネルギーの変化量は何Jか。

(3) 物体が点Aを通過してから停止するまでの間に動摩擦力がした仕事を，xを用いて表せ。

(4) xは何mか。

ここが ポイント
(3) 物体が移動する向きと，動摩擦力の向きは逆向きである。
(4) 物体の運動エネルギーの変化量は，物体がされた仕事に等しい。

◆解法◆

(1) 物体が受ける垂直抗力の大きさは，物体が受ける重力の大きさに等しく，0.40×9.8Nである。よって，求める動摩擦力の大きさf'〔N〕は「$f' = \mu' N$」より
$$f' = {}^{ア}(\qquad) \times (0.40 \times 9.8) = 0.98 \text{〔N〕}$$
答 0.98N

(2) 点Aを通過するときの物体の運動エネルギーは，「$K = \dfrac{1}{2}mv^2$」より$\dfrac{1}{2} \times 0.40 \times (0.70)^2$Jである。物体が停止したときの運動エネルギーは0Jなので，求める変化量ΔK〔J〕は（あと）−（はじめ）より
$$\Delta K = {}^{イ}(\qquad) - \dfrac{1}{2} \times 0.40 \times (0.70)^2$$

$$= -0.098 \text{〔J〕} \qquad \text{**答 } -9.8 \times 10^{-2}\text{J**}$$

(3) 物体が移動する向きと動摩擦力の向きがなす角は180°であるから，求める仕事W〔J〕は「$W = Fx\cos\theta$」より
$$W = {}^{ウ}(\qquad) \times x \times \cos 180° = -0.98x \text{〔J〕}$$
答 $-0.98x$〔J〕

(4) 物体の運動エネルギーの変化量ΔKは，物体がされた仕事Wに等しいので
$$\Delta K = W$$
$$-9.8 \times 10^{-2} = -0.98x$$
$$x = 0.10 \text{〔m〕} \qquad \text{**答 } x = 0.10\text{m**}$$

▶**48** 〈弾性力による位置エネルギー〉自然の長さから10cm伸びているばね定数20N/mのばねをさらに10cm伸ばすことを考える。

(1) 自然の長さから10cm伸びているとき，弾性力による位置エネルギーE〔J〕はいくらか。

答

(2) さらに10cm伸ばすと，弾性力による位置エネルギーE'〔J〕はいくらになるか。

答

(3) 自然の長さから10cm伸びているこのばねをさらに10cm伸ばすために必要な仕事はいくらか。

答

▶ **49 〈弾性力と仕事〉** なめらかな水平面上にある，質量0.50kgの物体
をつけたばね定数20N/mのばねを，自然の長さからゆっくりと手で
引っぱり，0.10mだけ伸ばしたところで手を止めた。このときに手が
した仕事をW〔J〕とする。次の問いに答えよ。

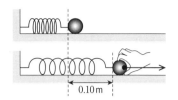

⑴ ばねを伸ばして止めた後，手が物体を引く力の大きさは何Nか。

答

⑵ Wは何Jか。

答

▶ **50 〈仕事と位置エネルギー〉** 質量20kgの物体に糸をつけ，重力に逆らってゆっくりと一定
の速さで地面から0.50m持ち上げた。重力加速度の大きさを9.8m/s²として，次の問いに答
えよ。

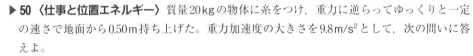

⑴ 糸の張力の大きさを求めよ。

答

⑵ 糸の張力がした仕事を求めよ。

答

⑶ 物体の位置エネルギーはいくら増加したか。

答

⑷ 重力がした仕事を求めよ。

答

13 力学的エネルギー保存の法則

1 保存力

力のする仕事が経路によらず，始点と終点だけで決まる場合，その力を**保存力**という。

〈例：重力，ばねの弾性力〉

2 力学的エネルギー

運動エネルギーと位置エネルギーの和を**力学的エネルギー**という。

$$E = K + U$$

E 〔J〕：力学的エネルギー
K 〔J〕：運動エネルギー
U 〔J〕：位置エネルギー

3 力学的エネルギー保存の法則

保存力のみが物体に仕事をするとき，その物体がもつ力学的エネルギーはつねに一定に保たれる。

$$E = K + U = (一定)$$

〈例1 重力のみがはたらく落下運動〉

〈例2 なめらかな斜面上の運動〉

垂直抗力が運動方向につねに垂直で仕事をしないので，運動の向きは変化しても，力学的エネルギーは変化しない。

垂直抗力 N

〈例3 単振り子〉

ひもの張力が運動方向につねに垂直で仕事をしないので，運動の向きは変化しても，力学的エネルギーは変化しない。

張力 T

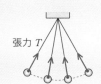

例1，2，3のいずれも

$$\frac{1}{2}mv^2 + mgh = (一定)$$

が成り立つ。

〈例4 水平ばね振り子〉

高さは変わらないので，重力による位置エネルギーは考えなくてよい。

$$\frac{1}{2}mv^2 + \frac{1}{2}kx^2 = (一定)$$

〈例5 鉛直ばね振り子〉

重力と弾性力による位置エネルギーの両方を考える必要がある。

$$\frac{1}{2}mv^2 + mgh + \frac{1}{2}kx^2 = (一定)$$

4 摩擦による力学的エネルギーの損失

摩擦力が仕事をすると，力学的エネルギーは保存されない。力学的エネルギーの変化量は，摩擦力がした仕事の量に等しい。

ポイントチェック

[1] 地面から高さ10mのところから質量0.15kgのボールを静かに落下させた。地面に衝突する直前における，ボールの運動エネルギー K 〔J〕と速さ v 〔m/s〕を求めよ。ただし，重力加速度の大きさを9.8m/s^2 とする。

答 $K =$

答 $v =$

[2] 単振り子のおもりを最下点から高さ h 〔m〕まで持ち上げ，静かに手をはなしたところ，最下点での速さは v_A 〔m/s〕となった。次に，同じおもりを静かにはなして距離 h だけ自由落下させたところ，速さは v_B 〔m/s〕となった。v_A は v_B の何倍になるか。

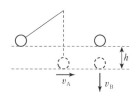

答

[3] 質量 m 〔kg〕のおもりをつけたばね定数 k 〔N/m〕のばねを A 〔m〕縮めて静かにはなした。自然の長さの位置を通過したときのおもりの速さはいくらか。

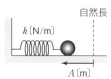

自然長

k 〔N/m〕

A 〔m〕

答

EXERCISE

例題 16 ◆ 力学的エネルギーの保存　　　　　　　　　　　　　　　▶51

質量0.20kgの物体を，点Aから初速度7.0m/sで鉛直に投げ上げたところ，2.4m上方の点Bを，速さv〔m/s〕で通過した。重力による位置エネルギーの基準面を点A，重力加速度の大きさを9.8m/s²として，次の問いに答えよ。

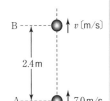

(1) 点Aにおける物体の力学的エネルギーは何Jか。

(2) 点Bにおける物体の力学的エネルギーについて，vを用いて表せ。

(3) 点Aと点Bでの力学的エネルギーの保存を表す式を書け。

(4) vはいくらか。ただし，$\sqrt{2}=1.4$とする。

(1),(2) 力学的エネルギーとは，運動エネルギーと位置エネルギーの和のことである。

(3) 保存力である重力のみが仕事をするので，点Aと点Bで力学的エネルギーは保存される（等しい）。

◆解法◆

(1) 運動エネルギーは，$\dfrac{1}{2}\times0.20\times7.0^2$Jであり，重力による位置エネルギーは，ア（　　　）Jである。したがって，求める力学的エネルギーE_A〔J〕は

$$E_A=\dfrac{1}{2}\times0.20\times7.0^2+{}^{ア}(\quad)$$
$$=4.9\,\text{〔J〕}\qquad\qquad 答\ \mathbf{4.9J}$$

(2) 運動エネルギーは，$\dfrac{1}{2}\times0.20\times v^2=0.10v^2$〔J〕であり，重力による位置エネルギーは

$$0.20\times9.8\times{}^{イ}(\quad)=4.704\fallingdotseq4.7\,\text{〔J〕}$$

よって，求める力学的エネルギーE_B〔J〕は
$$E_B=(0.10v^2+4.7)\,\text{〔J〕}\quad 答\ \mathbf{(0.10}\boldsymbol{v}^2\mathbf{+4.7)}\,\text{〔J〕}$$

(3) 物体が動いている間に仕事をするのは，保存力であるウ（　　　）のみなので，点Aにおける力学的エネルギーE_Aと点Bにおける力学的エネルギーE_Bは等しい。　　　答　$\mathbf{4.9=0.10}\boldsymbol{v}^2\mathbf{+4.7}$

(4) (3)の式を解く。
$$4.9=0.10v^2+4.7$$
$$0.10v^2=4.9-4.7$$
$$v=\sqrt{\dfrac{0.2}{0.10}}$$
$$=\sqrt{2}=1.4\,\text{〔m/s〕}\qquad 答\ \mathbf{1.4m/s}$$

▶**51** 〈**位置エネルギーと運動エネルギーの変換**〉図のような，なめらかな曲面がある。斜面上の点Aから質量0.50kgの物体を静かにはなしたところ，斜面に沿ってB，C，Dの順に通過した。重力加速度の大きさを9.8m/s²，$\sqrt{2}=1.4$として，次の問いに答えよ。

(1) 点Bでの物体の速さv_B〔m/s〕を求めよ。

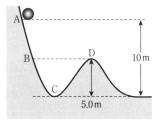

(2) 点Cでの物体の速さv_C〔m/s〕を求めよ。

(3) 点Dでの物体の速さv_D〔m/s〕を求めよ。

EXERCISE

例題17 ◆ 力学的エネルギーの保存

ばね定数98N/mのばねに質量2.0×10^{-2}kgの物体を押しつけ，ばねを0.10m縮めた点Aから静かに手をはなすと，物体はばねからはなれ，曲面を点Cまで上がった。水平面AB，および曲面BCDはなめらかで摩擦はないものとして，次の問いに答えよ。ただし，重力加速度の大きさは9.8m/s²とする。

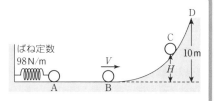

(1) 点Bでの物体の速さV〔m/s〕を求めよ。

(2) 水平面ABからの点Cの高さH〔m〕を求めよ。

(3) ばねをx_0〔m〕縮めた点A′から静かに手をはなしたとき，物体の最高到達点は，水平面ABからの高さが10mの点Dであった。x_0を求めよ。

ここがポイント (1) 点Aと点Bで力学的エネルギーは保存する。 (2) 点A（あるいは点B）と点Cで力学的エネルギーは保存する。 (3) 点Aと点Dで力学的エネルギーは保存する。

◆解法◆

(1) 水平面ABを重力による位置エネルギーの基準面とすると，点Aでの力学的エネルギーE_A〔J〕は

$$E_A = 0 + 0 + \frac{1}{2} \times 98 \times (0.10)^2 = 0.49 〔J〕$$

点Bでの力学的エネルギーE_B〔J〕は

$$E_B = \frac{1}{2} \times (2.0 \times 10^{-2}) \times V^2 + 0 + 0$$
$$= 1.0 \times 10^{-2} \times V^2 〔J〕$$

である。$^ア(\quad) = ^イ(\quad)$ より

$$0.49 = 1.0 \times 10^{-2} \times V^2$$
$$V = \sqrt{\frac{0.49}{1.0 \times 10^{-2}}} = 7.0 〔m/s〕 \quad 答 \; 7.0 \, m/s$$

(2) 点Cでの力学的エネルギーE_C〔J〕は

$$E_C = 0 + (2.0 \times 10^{-2}) \times 9.8 \times H 〔J〕 + 0$$

$E_C = E_A (= E_B)$ であるから

$$(2.0 \times 10^{-2}) \times 9.8 \times H = 0.49$$
$$H = \frac{0.49}{(2.0 \times 10^{-2}) \times 9.8} = 2.5 〔m〕 \quad 答 \; 2.5 \, m$$

(3) 点A′での力学的エネルギーE_{A}'〔J〕は

$$E_{A}' = 0 + 0 + \frac{1}{2} \times 98 \times x_0^2$$

点Dでの力学的エネルギーE_D〔J〕は

$$E_D = 0 + (2.0 \times 10^{-2}) \times 9.8 \times 10 + 0$$

である。$^ウ(\quad) = ^エ(\quad)$ より

$$\frac{1}{2} \times 98 \times x_0^2 = (2.0 \times 10^{-2}) \times 9.8 \times 10$$
$$x_0^2 = 4.0 \times 10^{-2}$$
$$x_0 = 0.20 〔m〕 \quad 答 \; 0.20 \, m$$

▶**52** 〈摩擦による力学的エネルギーの損失〉 図のような曲面ABに水平面BCDがつなげられている。AC間はなめらかで，CD間は動摩擦係数0.20のあらい面になっている。水平面BCDから高さ0.40mの点Aから質量0.50kgの物体を静かにはなすと，物体は点Dで止まった。重力加速度の大きさを9.8m/s²として，次の問いに答えよ。

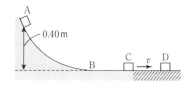

(1) 点Bでの物体の速さは何m/sか。

答

(2) 物体が水平面CDから受ける動摩擦力の大きさは何Nか。

答

❓(3) 点Dは点Cから何mはなれているか。

答

▶**53** 〈**力学的エネルギーが保存されない運動**〉水平面と $30°$ の角をなすあら
い斜面がある。質量 $1.0\,\text{kg}$ の物体に，斜面に沿って下向きに $2.0\,\text{m/s}$ の初速
度を与えたところ，斜面上を $h\,[\text{m}]$ 進んだ点で静止した。物体と斜面の間
の動摩擦係数は 0.80 である。物体が静止した点を重力による位置エネルギ
ーの基準面とし，重力加速度の大きさを $9.8\,\text{m/s}^2$，$\sqrt{3} = 1.7$ として，次の
問いに答えよ。

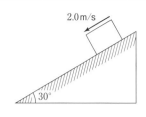

(1) 物体が斜面から受ける垂直抗力の大きさは何 N か。

答

(2) 物体が斜面から受ける動摩擦力の大きさは何 N か。

答

(3) 物体が静止するまでに動摩擦力がした仕事は何 J か。h を用いて表せ。

答

(4) 初速度を与えた直後，物体がもつ力学的エネルギーは何 J か。h を用いて表せ。

答

(5) 物体が静止したとき，物体がもつ力学的エネルギーは何 J か。

答

(6) h は何 m か。

答

▶**54** 〈**鉛直ばね振り子の力学的エネルギー**〉質量 $m\,[\text{kg}]$ のおもりをば
ね定数 $k\,[\text{N/m}]$ のばねにつるし，つり合いの位置から $A\,[\text{m}]$ 下に引
いて，静かに手をはなした。重力加速度の大きさを $g\,[\text{m/s}^2]$ として，
次の問いに答えよ。

(1) つり合いの位置は自然の長さの位置から何 m 下にあるか。

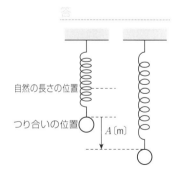

自然の長さの位置
つり合いの位置
$A\,[\text{m}]$

答

(2) おもりがつり合いの位置に戻ったときの速さを求めよ。

答

▶ 55 〈重力のする仕事と位置エネルギー〉水平面とのなす角が30°，動摩擦係数が0.10のあらい斜面がある。質量5.0kgの物体を斜面に沿って2.0mだけ一定の力Fで引き上げるとき，次の問いに答えよ。ただし，重力加速度の大きさを9.8m/s²，$\sqrt{3} = 1.7$ とする。

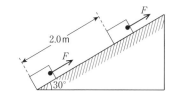

(1) 物体が斜面から受ける垂直抗力の大きさは何Nか。また，垂直抗力のする仕事は何Jか。

答　垂直抗力：

答　仕事：

(2) 物体が斜面から受ける動摩擦力がする仕事は何Jか。

答

(3) 物体の重力による位置エネルギーはどれだけ増えるか。

答

(4) 物体にはたらく重力がする仕事は何Jか。

答

(5) 引き上げる力Fを40Nとして，はじめ静止していた物体を斜面に沿って2.0m引き上げたとき，物体の運動エネルギーは何Jか。

答

▶ 56 〈張力のする仕事と力学的エネルギーの保存〉図のように，長さl〔m〕の糸の先に質量m〔kg〕のおもりをつける。点Oの真下$\frac{l}{2}$〔m〕の点Cには，くぎが打ってある。おもりを点Cと同じ高さの点Aまで持ち上げて静かにはなすと，おもりは点Bを通過したあと，点Cを中心とした円弧を描いて最高点Dまで到達した。重力加速度の大きさをg〔m/s²〕として，次の問いに答えよ。

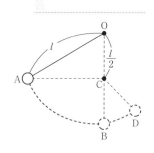

(1) 点Aから点Bにかけて糸の張力がする仕事を求めよ。

答

(2) 点Bでのおもりの速さを求めよ。

答

❓(3) 最高点Dの高さを求めよ。ただし，重力による位置エネルギーの基準面の高さを点Bとする。

答

❓(4) 点Oの真下$\dfrac{l}{3}$〔m〕のところへくぎの位置を変えたとき，最高点Dの高さを求めよ。ただし，重力による位置エネルギーの基準面の高さを点Bとする。

答

▶ **57** 〈位置エネルギーと運動エネルギーの変換〉（2010　センター試験）

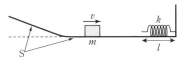

図のような，一定の傾きの斜面と水平な床がなめらかにつながった面Sを考える。Sの右側には壁があり，ばね定数k，自然の長さlのばねが水平に取りつけられている。質量mの小物体をSの水平な部分に置き，時刻$t = 0$に速さvで右向きにすべらせた。ただし，小物体とSとの間の摩擦，およびばねの質量は無視できるものとする。

(1) 小物体はSの上を右向きにすべり，ばねを押し縮めた後，左向きにはね返された。最も縮んだときのばねの長さはいくらか。

答

❓(2) ばねではねかえされた小物体は，Sの水平な部分を戻り，斜面を上った。小物体が達した最高点の高さはいくらか。ただし，高さは水平な床からはかり，重力加速度の大きさをgとする。

答

14 熱と温度，熱と仕事

1 熱運動

物質を構成している原子・分子の不規則な運動。温度が高いほど熱運動は激しい。

2 絶対温度とセ氏温度

$$T = t + 273$$

T〔K〕：絶対温度
t〔℃〕：セ氏温度

3 熱平衡と熱量

高温の物体から低温の物体へとエネルギーが移動し，両者の温度が等しくなった状態を**熱平衡**という。移動したエネルギーの量を**熱量**（熱）といい，単位には〔J〕（ジュール）を用いる。

4 熱容量

物体の温度を1K上げるのに必要な熱量を**熱容量**という。単位は〔J/K〕（ジュール毎ケルビン）

$$Q = C\Delta T$$

Q〔J〕：吸収する熱量
C〔J/K〕：熱容量
ΔT〔K〕：温度変化

5 比熱

物質1gの温度を1K上げるのに必要な熱量をその物質の**比熱**という。
単位は〔J/(g·K)〕（ジュール毎グラム毎ケルビン）

$$Q = mc\Delta T$$

Q〔J〕：吸収する熱量
m〔g〕：質量
c〔J/(g·K)〕：比熱
ΔT〔K〕：温度変化

6 熱量の保存

熱は高温の物体から低温の物体へと移動する。外部との熱のやりとりがないときは，

（高温の物体が放出する熱量）
＝（低温の物体が吸収する熱量）

が成り立つ。

$$Q = m_1 c_1 (t_1 - t) = m_2 c_2 (t - t_2)$$

高温物体
質量　m_1
比熱　c_1
温度　$t_1 \to t$

Q

低温物体
質量　m_2
比熱　c_2
温度　$t_2 \to t$

等温

7 潜熱

物質の状態変化に伴って出入りする熱を**潜熱**という。融解に伴う潜熱を融解熱，蒸発に伴う潜熱を蒸発熱という。潜熱は物質の種類や状態によって異なる。

温度

蒸発

融解

加熱時間

温度は上がらないが，状態変化するためにまわりから熱を吸収している。

8 熱力学第一法則

$$\Delta U = Q + W_{in}$$

ΔU〔J〕：内部エネルギーの変化量
Q〔J〕：物体が吸収する熱量
W_{in}〔J〕：物体が外部からされる仕事

9 熱効率

$$e = \frac{W_{out}}{Q_{in}} = \frac{Q_{in} - Q_{out}}{Q_{in}}$$

e：熱効率
W_{out}〔J〕：熱機関がした仕事
Q_{in}〔J〕：高温熱源から得た熱量
Q_{out}〔J〕：低温熱源に放出した熱量

ポイントチェック

① 0℃，20℃，100℃は，絶対温度ではそれぞれ何Kになるか。

答　0℃：　　　　　20℃：　　　　　100℃：

② 200gの水の温度を5.0℃上昇させるのに必要な熱量は何Jか。水の比熱は4.2J/(g·K)とする。

答

③ 水200gの熱容量は何J/Kか。水の比熱は4.2J/(g·K)とする。

答

④ 20℃の水200gに4.2×10^3Jの熱量を与えると，水の温度は何℃になるか。水の比熱は4.2J/(g·K)とする。

答

⑤ 2.0×10^3Jの熱量を与えると，8.0×10^2Jの仕事をする熱機関の熱効率を求めよ。

答

EXERCISE

▶58, 59, 62

例題 18 ◆ 熱量の保存

20.0℃の水200gが入った容器に，50.0℃に温めた質量200gの金属球を入れ，しばらくして温度を測ったところ22.0℃になった。容器，水，金属球の間でのみ熱の移動があったとし，容器の熱容量を $4.2×10^2$ J/K，水の比熱を4.2J/(g·K)として，次の問いに答えよ。

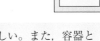
金属球
（高温）

水
（低温）

(1) 金属球が失った熱量は何Jか。

(2) この金属の比熱を求めよ。

ここがポイント　熱量の保存より，金属球が失った熱量は水と容器が得た熱量に等しい。また，容器と水ははじめ熱平衡にあったと考えてよい。

◆解法◆

(1) 金属球が失った熱量は，水と容器が得た熱量に等しい。水が得た熱量 Q_1〔J〕は「$Q = mc\Delta T$」より

$$Q_1 = 200 × ア(\quad) × (22.0 - 20.0)$$
$$= 1680〔J〕$$

容器が得た熱量 Q_2〔J〕は「$Q = C\Delta T$」より

$$Q_2 = イ(\quad) × (22.0 - 20.0)$$
$$= 840〔J〕$$

よって，金属球が失った熱量は

$$Q_1 + Q_2 = 1680 + 840 = 2520 ≒ 2.5×10^3〔J〕$$

答 $2.5×10^3$ J

(2) 金属の比熱を c〔J/(g·K)〕とすると，金属球が失った熱量 Q〔J〕は「$Q = mc\Delta T$」より

$$Q = 200 × c × (50.0 - 22.0)〔J〕$$

これが(1)で求めた熱量と等しいので

$$Q = Q_1 + Q_2$$
$$200 × c × (50.0 - 22.0) = 2520$$
$$c = \frac{2520}{200 × 28.0} = 0.45〔J/(g·K)〕$$

答 0.45J/(g·K)

2章 エネルギー

▶**58** 〈熱量の保存〉80℃の水100gと20℃の水300gを混ぜると何℃になるか。また，それは何Kか。容器や外部との熱のやりとりはなく，熱はすべて水の温度変化に使われるものとし，水の比熱は4.2J/(g·K)とする。

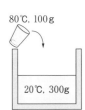
80℃, 100g

20℃, 300g

答

❓▶**59** 〈熱量の保存〉0℃の氷42gを20℃の水330gの中へ入れて，氷が融けるまでしばらく待ってから軽くかき混ぜると，全体の温度は何℃になるか。ただし，水の比熱を4.2J/(g·K)，氷の融解熱を $3.3×10^2$ J/gとし，容器や外部との熱のやりとりはなく，熱はすべて水の状態変化と温度変化に使われるものとする。

0℃, 42g

20℃
330g

答

▶ **60** 〈比熱の測定〉水と熱容量のわからない容器と金属球を用いて次のような実験を行い，容器の熱容量と金属の比熱を求めた。水の比熱は4.2J/(g·K)，外部との熱のやりとりはないものとして，次の問いに答えよ。

⑴ 20.0℃の水200gが入った容器に40.0℃の水200gを加えたところ，全体が27.0℃になった。容器の熱容量は何J/Kか。

⑵ 次に，20.0℃の水200gが入った容器に100℃に熱した質量100gの金属球を入れたところ，全体が22.0℃になった。この金属の比熱は何J/(g·K)か。

▶ **61** 〈氷の比熱〉ヒーター付きの容器に−5.0℃の氷を入れて温めた。ヒーターからは毎秒$1.0×10^2$Jの熱量が発生していて，温度変化を調べたところ，右図のグラフのような結果が得られた。氷の融解熱を$3.3×10^2$J/g，水の比熱を4.2J/(g·K)，ヒーター付きの容器の熱容量を$2.5×10^2$J/Kとして，次の問いに答えよ。ただし，外部との熱のやりとりや水の蒸発はないものとする。

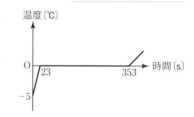

⑴ 氷の質量は何gか。

⑵ 氷の比熱は何J/(g·K)か。

▶62 〈熱量の保存〉（2012　センター試験　改）

図のように，断熱容器に入れた温度10.0℃の水100gに96.0℃の鉄球を沈め十分な時間が経過すると，水と鉄球はともに12.0℃になった。鉄球の質量はいくらか。ただし，水の比熱を4.2J/(g·K)，鉄の比熱を0.45J/(g·K)とし，水の蒸発の影響や断熱容器の熱容量は無視できるものとする。

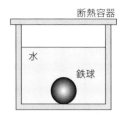

答

▶63 〈ジュールの実験〉ジュールは右図のような装置で，熱と仕事の関係について調べ，4.2Jの仕事が約1calの熱量に相当することをつきとめた。この装置は，おもりが下がると容器内の羽根車がまわり，おもりの重力による位置エネルギーが水をかき混ぜる仕事となり，水の温度が上昇するようにできている。おもり1つの質量を2.0kg，落下距離を2.0mとして，左右2つのおもりを25回落下させて，500gの水をかき回す実験を行った。次の問いに答えよ。ただし，熱量計全体の熱容量は$7.0×10^2$J/K，水の比熱は4.2J/(g·K)，重力加速度の大きさを9.8m/s^{2}とする。

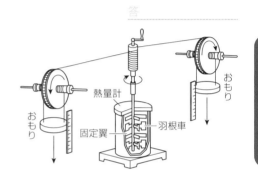

(1)　2つのおもりを25回落下させたときにおもりにはたらく重力がした仕事は何Jか。

(2)　この実験で水の温度は何℃上昇するか。

答

15 波とは何か

1 媒質の振動を表す量
周期 T〔s〕：媒質の1点が1回振動するのに要する時間。
振動数 f〔Hz〕：媒質の1点が1s間に振動する回数。

$$f = \frac{1}{T} \quad \text{または} \quad T = \frac{1}{f}$$

2 波形のグラフ（$y - x$ グラフ）

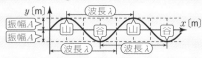

3 波の速さを表す式

❶ 一様な媒質では，波は等速で進む。→ $v = \dfrac{x}{t}$

x〔m〕：移動距離，t〔s〕：経過時間

❷ 周期 T〔s〕経過して媒質の各点が1回振動すると，
波は波長 λ〔m〕進む。→ $v = \dfrac{\lambda}{T}$

❸ 「$f = \dfrac{1}{T}$」より，$v = f\lambda$

4 媒質の運動の向き
正弦波において，各媒質は単振動している。媒質の運動のようすを調べるには，波を少し進めてみる。

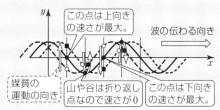

この点は上向きの速さが最大。

波の伝わる向き

媒質の運動の向き

山や谷は折り返し点なので速さが0

この点は下向きの速さが最大。

5 横波と縦波
横波：媒質の振動方向と波の進行方向が垂直な波。
縦波：媒質の振動方向と波の進行方向が平行な波。
疎密波ともいう。

6 縦波の表し方
縦波では，横波のような波形が見られないので，ようすがわかりにくい。各点の変位を横波のように変換して表すとわかりやすい。
❶ x軸の正の向きを決める。
❷ x軸の正の向きの変位をy軸の正の向きの変位とする。（x軸の負の向きの変位をy軸の負の向きの変位とする。）

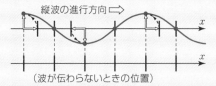

縦波の進行方向

（波が伝わらないときの位置）

ポイントチェック

1 波を観察したところ，媒質の各点が4.0s間に10回振動した。この波の周期は何sか。また，振動数は何Hzか。

　答　周期： 　　　　　　 振動数：

2 周期 $T = 0.25\,\text{s}$ の波が右向きに伝わっている。ある時刻における波形が下図のようになった。以下の文中の空欄に数値を記入せよ。

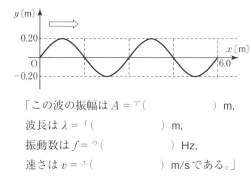

「この波の振幅は $A =$ ア（　　　　　）m,
波長は $\lambda =$ イ（　　　　　）m,
振動数は $f =$ ウ（　　　　　）Hz,
速さは $v =$ エ（　　　　　）m/sである。」

3 下図は横波のある時刻における波形を表している。点Dにおける媒質の運動の向きを矢印で表せ。

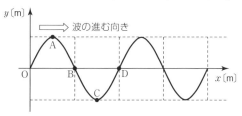

波の進む向き

　答

4 3の図の媒質上の点A〜Dのうち，速さが0である点はどれか。該当するものをすべて書け。

　答

5 図1は波が伝わらないときの媒質のようす，図2は縦波が伝わっているときの媒質のようすである。図2を横波のような波形にかきなおせ。

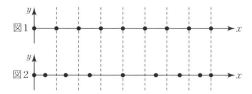

図1

図2

E X E R C I S E

▶64, 72

例題 19◆ 波の伝わり方

振動数5.0Hzの波がx軸の正の向きに進んでいる。図は時刻 $t = 0$s の波形である。次の問いに答えよ。

(1) この波の速さは何m/sか。

(2) 図中に $t = 0.10$s における波形をかき加えよ。

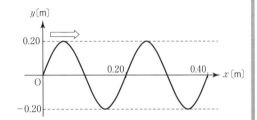

ここがポイント　図は，波形を表す$y - x$グラフなので，波長を読み取ることができる。波の伝わる速さvと，媒質の振動数f，波長λの間には「$v = f\lambda$」の関係がある。時間 t 経過した場合の波形は，波が進む向きにvtだけ平行移動させればわかる。

◆解法◆

(1) グラフより，波長は ア( )mである。
振動数は5.0Hzなので，「$v = f\lambda$」より
$v = 5.0 \times$ ア( ) $= 1.0$〔m/s〕
　　　　　　　　　　　　　　答 1.0m/s

(2) $t = 0.10$s 経過した場合，波が進む向きに
$x = vt =$ イ( ) $\times 0.10 = 0.10$〔m〕
だけ平行移動させればよい。
したがって，波形のグラフは次のようになる。

答

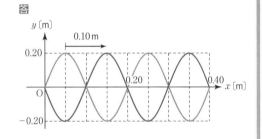

▶**64 〈波の伝わり方〉** 周期0.50sで媒質が振動している波がx軸の正の向きに進んでいる。図は時刻 $t = 0$s の波形である。次の問いに答えよ。

(1) この波の速さv〔m/s〕を求めよ。

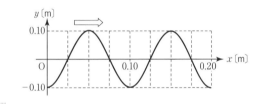

　　　　　　　答

(2) 図中に $t = 0.25$s における波形をかき加えよ。

▶**65 〈横波表示〉** 右図は，x軸の正の向きに進む縦波の右向き（正の向き）の変位を，y軸の正の向きに変えて表示したものである。次の問いに答えよ。

(1) 最も疎なところはどこか。A〜Dの記号で答えよ。

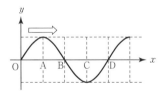

　　　　　　　答

(2) 最も密なところはどこか。A〜Dの記号で答えよ。

　　　　　　　答

(3) 媒質の速さが0のところはどこか。A〜Dの記号で答えよ。

　　　　　　　答

❓(4) 点Dの運動の向きは　上・下・左・右　のうちどれか。

　　　　　　　答

3章

波

EXERCISE

図のように，x 軸の正の向きに進む波が連続的に生じている。波の伝わる速さは1.0m/sである。図の時刻を 0 s とする。

(1) 波長を求めよ。

(2) 周期を求めよ。

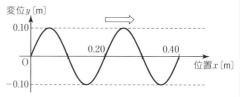

(3) $t = 0\,\text{s} \sim 0.40\,\text{s}$ における $x = 0\,\text{m}$ の位置の媒質の振動するようすをかけ。

ここが ポイント　$t = 0\,\text{s}$ において，$x = 0\,\text{m}$ の位置の変位は 0 である。少し時間が経過すると，$x = 0\,\text{m}$ の位置は下に変位する。また，周期を求めることで，$x = 0\,\text{m}$ の媒質の変位の時間変化を知ることができる。

◆解法◆

(1) $y-x$ グラフより，この波の波長は0.20mである。

答 0.20 m

(2) 波の波長は0.20m，波の伝わる速さは1.0m/sであることより，波の式「$v = \dfrac{\lambda}{T}$」に代入すると

$$T = \dfrac{{}^{\text{ア}}(\qquad)}{{}^{\text{イ}}(\qquad)}$$

$$= \dfrac{0.20}{1.0} = 0.20\ (\text{s})$$

答 0.20 s

(3) $t = 0\,\text{s}$ において，$x = 0\,\text{m}$ の位置の変位は ${}^{\text{ウ}}(\qquad)$ である。少し時間が経過すると，波は図の破線のようになる。

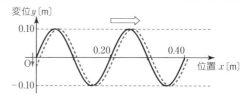

したがって，0 s 直後の $x = 0\,\text{m}$ の位置の変位は ${}^{\text{エ}}(\qquad)$ となる。また，周期は0.20s，振幅は0.10mである。したがって，媒質の振動のようすを表すグラフ（$y-t$ グラフ）は次のようになる。

答

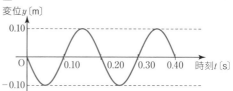

▶**66** 〈$y-x$ グラフ ⇒ $y-t$ グラフ〉上記の例題において，$t = 0\,\text{s} \sim 0.40\,\text{s}$ における $x = 0.10\,\text{m}$ の位置の媒質の振動するようすをかけ。

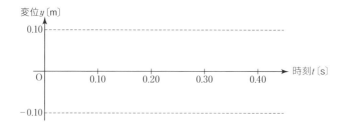

例題 21 ◆ $y-t$ グラフ ⇒ $y-x$ グラフ ━━━━━━━━━━━ ▶**67，73**

右のグラフは，x 軸上を正の向きに進む波の原点 O での変位の時間変化（$t = 0\,\mathrm{s}$〜$4.0\,\mathrm{s}$）を表している。次の問いに答えよ。

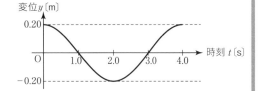

(1) この波の振幅は何 m か。

(2) この波の周期は何 s か。

(3) この波の波長は 0.80 m であった。この波の $t = 0\,\mathrm{s}$ における波形（$y-x$ グラフ）を $x = 0\,\mathrm{m}$〜$1.60\,\mathrm{m}$ についてかけ。

> **ここが**
> **ポイント**
> $y-t$ グラフより，波の振幅と周期を読み取ることができる。$t = 0\,\mathrm{s}$ における原点 O の変位と波の波長が与えられていることより，$y-x$ グラフを描くことができる。

◆解法◆

(1) $y-t$ グラフより，この波の振幅は ア( ) m である。　　　**答** ア( ) m

(2) (1)と同様に，$y-t$ グラフより，周期は イ( ) s である。　　　**答** イ( ) s

(3) $t = 0\,\mathrm{s}$ において，原点 O の変位は 0.20 m である。そして，波の波長が 0.80 m であることより，$y-x$ グラフは右の図のようになる。

答

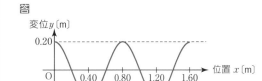

▶**67** 〈$y-t$ グラフ ⇒ $y-x$ グラフ〉右のグラフは，x 軸上を正の向きに進む波の原点 O での変位の時間変化（$t = 0\,\mathrm{s}$〜$2.0\,\mathrm{s}$）を表している。次の問いに答えよ。

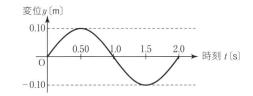

(1) この波の振幅は何 m か。

答

(2) この波の周期は何 s か。

答

？(3) この波の波長は 0.40 m であった。この波の $t = 1.0\,\mathrm{s}$ における波形（$y-x$ グラフ）を $x = 0\,\mathrm{m}$〜$1.2\,\mathrm{m}$ についてかけ。

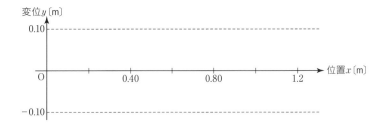

16 重ね合わせの原理

1 波の独立性

1つの媒質に複数の波が重なっても，それぞれの波は影響を受けずに伝わること。

2 重ね合わせの原理

2つの波が重なり合うとき，媒質の変位はそれぞれの波の変位を足し合わせたものになり，これを**合成波**という。

$$y = y_1 + y_2$$

- y〔m〕：合成波の変位
- y_1〔m〕：合成前の波1の変位
- y_2〔m〕：合成前の波2の変位

3 定在波（定常波）

波長 λ と振幅 A の等しい2つの正弦波が互いに逆向きに進んで重なり合うとき，合成波は左右どちらにも進まない。このような波を**定在波（定常波）**という。

また，最も大きく振動する部分を**腹**，全く振動しない部分を**節**という。

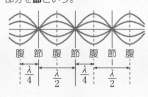

腹 節 腹 節 腹 節 腹

$\dfrac{\lambda}{4}$　$\dfrac{\lambda}{2}$　$\dfrac{\lambda}{4}$　$\dfrac{\lambda}{2}$

※定在波を見ればもとの進行波の波長 λ がわかる。
⇒ 腹～腹，節～節の間隔は $\dfrac{\lambda}{2}$（半波長）

4 波の反射

❶ **自由端**：媒質が自由に動ける端
固定端：媒質が固定されて動けない端

❷ **自由端反射**：境界がないものとして波を進ませて，境界より先に進んだ波を境界で左右に折り返せばよい。

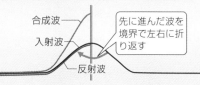

合成波

入射波

反射波

先に進んだ波を境界で左右に折り返す

❸ **固定端反射**：境界がないものとして波を進ませて，境界より先に進んだ波を上下反転させて境界で左右に折り返せばよい。（固定端での合成波の変位は常に0となる。）

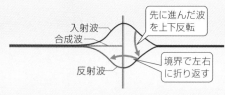

入射波
合成波

反射波

先に進んだ波を上下反転

境界で左右に折り返す

❹ **正弦波の反射**：入射波と反射波が重なり合って，定在波ができる。

自由端：境界は定在波の腹が生じる。

固定端：境界は定在波の節が生じる。

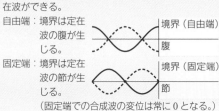

境界（自由端）
腹

境界（固定端）
節

（固定端での合成波の変位は常に0となる。）

ポイントチェック

① 図は，右向きに進む波Aと左向きに進む波Bが重なり合ったようすである。2つの波の合成波を図に記入せよ。

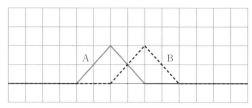

② 図は，右向きに進む波Aと左向きに進む波Bが重なり合ったようすである。2つの波の合成波を図に記入せよ。

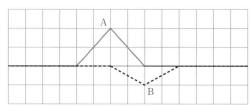

③ 図は境界に向かって右向きに進むパルス波である。境界で反射してしばらく時間が経過した際の反射波のようすを，境界が自由端の場合と固定端の場合について，それぞれ次の(ア)～(エ)から選べ。

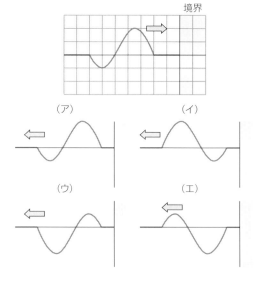

答 自由端：　　　　　　固定端：

EXERCISE

例題 22 ◆ パルス波の重ね合わせ ▶68, 69

空間に2つのパルス波が存在している。それぞれの波は，ともに速さ1cm/sで左右に進んでいく。図の1目盛は1cmを表していて，図はある時刻における波形を示している。図の時刻から1s経過後，2s経過後の合成波をかけ。

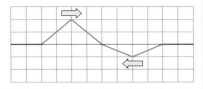

ここがポイント　山のパルス波は右に進み，谷のパルス波は左に進んでいる。波の速さをvとすると，時間t経過後は波はvtだけ進ませればよい。2つの波が重なっている場合は，重ね合わせの原理によって合成する。

◆解法◆

1s経過した場合，それぞれの波を
$$x = vt = 1 \times 1 = \,^{7}(\qquad)\,\text{[cm]}$$
だけ左右に動かせばよい。したがって，次の図のようになる。

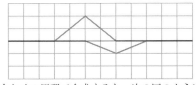

重ね合わせの原理で合成すると，次の図のようになる。

答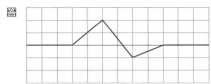

2s経過した場合，それぞれの波を$^{イ}(\qquad)$cmだけ左右に動かして合成すればよい。

答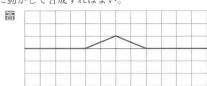

▶ **68** 〈パルス波の重ね合わせ〉空間に2つのパルス波が存在している。それぞれの波は，ともに速さ1cm/sで左右に進んでいく。図の1目盛は1cmを表していて，図はある時刻における波形を示している。図の時刻から1s経過後，2s経過後の合成波をかけ。

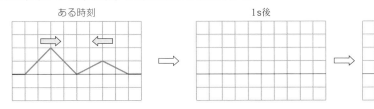

▶ **69** 〈正弦波の重ね合わせ〉図は，右向きに進む波Aと左向きに進む波Bが重なり合ったようすである。2つの波の合成波を図に記入せよ。

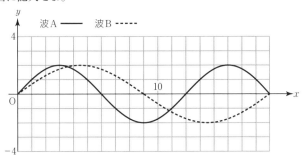

3章
波

E X E R C I S E

▶70, 75

例題 23 ◆ 定在波

図は，振幅と波長がそれぞれ等しい2つの正弦波が，
一直線上を反対向きに，同じ速さ0.50m/sで進んでい
るようすを示している（実線が右向きに，破線が左向
きに進んでいる）。次の問いに答えよ。

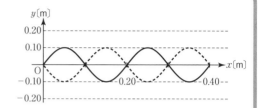

(1) 図の時刻から0.10s後，0.20s後に観測される波形
（2つの波を合成した波形）をかけ。

(2) 節の位置を，$0 \leq x \leq 0.40$m の中からすべて選べ。

ここが ポイント　実線の波は右に進み，破線の波は左に進んでいる。波の速さをvとすると，時間t経
過後は波をvtだけ進ませればよい。その後，重ね合わせの原理によって合成する。

◆解法◆

(1) 0.10s経過した場合，それぞれの波は

$$x = vt = \text{ア}(\qquad) \times 0.10 = 0.050 \text{ (m)}$$

だけ左右に動かせばよい。したがって，それぞれの
波は下図の実線と破線になる。重ね合わせの原理で
合成すると，次のようになる。

答

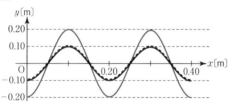

0.20s経過した場合は イ(　　　　　) mだけ左右
に動かして合成すればよい。重ね合わせの原理で合
成すると，次のようになる。

答

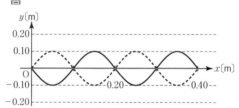

(2) 0.10sにおいて振動していないところは，常に振
動していない節となっている。したがって，

答 **0.050m，0.15m，0.25m，0.35m**

▶70 〈定在波のできかた〉 図のように，空間に2つの連続
波が存在しており，図の1目盛は1cmを表している。実
線の波は右向きに，破線の波は左向きにそれぞれ1cm/s
の速さで左右に進んでいく。図の時刻から次の時間が経過
した後の合成波の形をかけ。

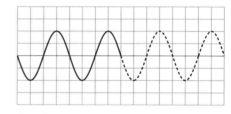

(1) 2s経過後

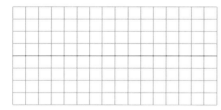

(2) 3s経過後

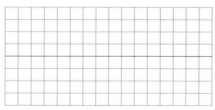

(3) 4s経過後

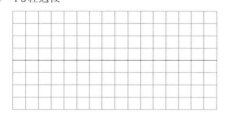

(4) 8s経過後

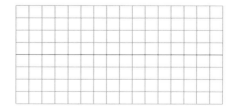

　例題の答　ア：0.50　イ：0.10

図は，右向きに進む波の，ある時刻における波形を表したものである。この波が境界で反射する。波の速さは 1 cm/s であり，図の 1 目盛は 1 cm である。

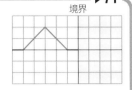

(1) この反射が自由端反射であるとする。4 s 後の反射波のようすをかけ。

(2) この反射が固定端反射であるとする。4 s 後の反射波のようすをかけ。

境界がないものとして波を進ませる。境界より先に進んだ波を境界で折り返す。自由端の場合は，境界で左右に折り返せばよい。固定端の場合は，上下反転させて境界で左右に折り返せばよい。

◆解法◆

(1) 4 s 経過した場合，波を
$$x = vt = 1 \times \;^{\mathcal{ア}}(\qquad) = 4 \,[\text{cm}]$$
だけ進ませる。自由端反射の場合，境界で左右に折り返せばよい。

答　　4s後

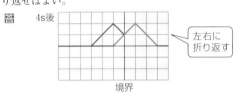

左右に折り返す

なお，実際に見えるのは入射波と反射波の
$^{\mathcal{イ}}(\qquad\qquad\qquad)$ である。

(2) 固定端反射の場合は，上下反転させて境界で左右に折り返せばよい。

4s後

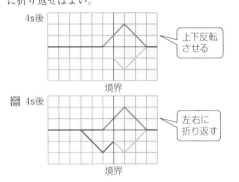

上下反転させる

答　　4s後

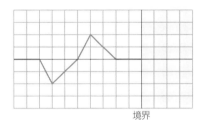

左右に折り返す

▶71 〈自由端反射・固定端反射〉図は，右向きに進む波の，ある時刻における波形を表したものである。この波が境界で反射する。波の速さは 1 cm/s であり，図の 1 目盛は 1 cm である。この反射が自由端反射と固定端反射の場合のそれぞれについて，4 s 後，6 s 後の合成波のようすをかけ。

3章 波

〈自由端反射〉

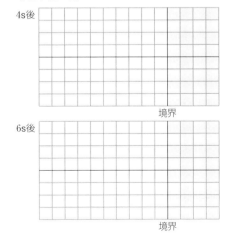

〈固定端反射〉

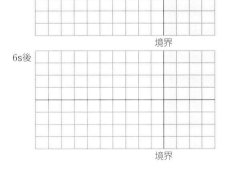

▶**72** 〈**波形のグラフと波の速さ**〉図の右向きに進む波で,
実線の波形が1.5s後に初めて破線の波形になっ
た。次の問いに答えよ。

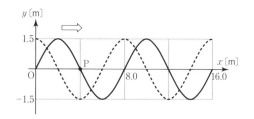

(1) この波の振幅,波長はそれぞれ何mか。

振幅:＿＿＿＿＿＿ 波長:＿＿＿＿＿＿

(2) この波の伝わる速さは何m/sか。

＿＿＿＿＿＿＿＿＿＿＿＿＿＿＿＿

(3) この波の周期は何sか。また,振動数は何Hzか。

周期:＿＿＿＿＿＿＿＿＿＿

振動数:＿＿＿＿＿＿＿＿

(4) 実線の時刻において,媒質上の点Pの運動の向きを矢印で表せ。

＿＿＿＿＿＿＿＿＿＿＿＿＿＿＿

▶**73** 〈**グラフの読み取り方**〉右向きに進む正
弦波があり,媒質のある点の変位の時
間変化は図(i),時刻 $t = 0.20$s の瞬間
の波形は図(ii)である。次の問いに答え
よ。

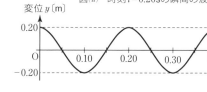

(1) この波の速さは何m/sか。

＿＿＿＿＿＿＿＿＿＿

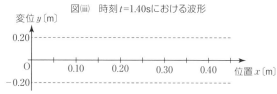

(2) 図(ii)において,媒質の速度が下向き
に最大である点の座標 x〔m〕をすべ
て書け。

＿＿＿＿＿＿＿＿＿＿

(3) $0 < x \leq 0.20$m の範囲で,変位の時間
変化が図(i)のようになる点の座標 x
〔m〕を求めよ。

図(iii) 時刻 $t = 1.40$sにおける波形

変位 y〔m〕

0.20

O   0.10   0.20   0.30   0.40   位置 x〔m〕

-0.20

(4) 時刻 $t = 1.40$s における波形を図(iii)にかけ。

▶ **74** 〈横波表示〉(2002 センター試験追試 改)

図のように，なめらかな水平面上につり合いの状態で長いばねを置き，長さ方向にx軸をとり，ばねの各点の位置をx座標で表した。このとき，ばね上の点A，B，Cはそれぞれ$x = 0$，l，$2l$の位置にあった。次にばねの一端をx方向に一定の振幅，振動数で振動させて，波長lの疎密波（縦波）をつくった。

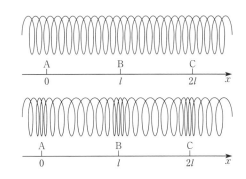

図のような疎密波ができた状態を表すグラフとして最も適当なものを次の①～④の中から選べ。ただし，x軸の正の向きへの変位をy軸の正の値とし，x軸の負の向きへの変位をy軸の負の値とする。

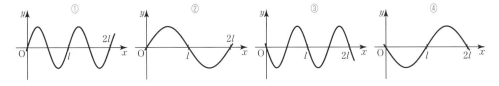

▶ **75** 〈定在波〉図1のように，x軸上に並んだ媒質上を2つの正弦波（どちらも振幅 $A = 0.30$ m，波長 $\lambda = 0.80$ m，周期 $T = 0.60$ s）が互いに逆向きに進んでいる。2つの波は時刻 $t = 0$ s のとき図1のようになっていた。

(1) 時刻 $t = \dfrac{3}{4}T$ 〔s〕におけるそれぞれの波の波形を図2にかけ。

(2) (1)の2つの波の合成波を図2にかけ。

(3) 2つの波の合成波は定在波になる。

① 定在波の振幅の最大値はいくらになるか。

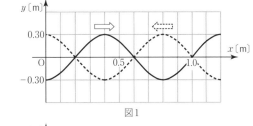

図1

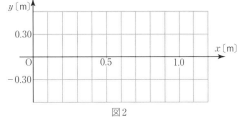

図2

② 定在波の節はどこか。$0 \leqq x \leqq 1.2$ m の範囲で該当する点のx座標をすべて書け。

③ 定在波の腹はどこか。$0 \leqq x \leqq 1.2$ m の範囲で該当する点のx座標をすべて書け。

17 音波

1 空気中を伝わる音波の速さ 📖p.4 ❻

$$V = 331.5 + 0.6t$$

V〔m/s〕：音速，t〔℃〕：気温

2 音の三要素 📖p.4 ❻

❶ **音の大きさ**：振幅Aが大きいほど音は大きい。
（同じ振動数の場合）

❷ **音の高さ**：高い音は振動数f〔Hz〕が大きい。

❸ **音色**：音波の波形

〈オシロスコープからわかること〉

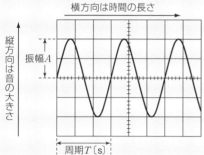

3 音の反射

音波は異なる媒質が接する境界面で反射する。
（例：遠くの山に向かって大きな声を出すとこだまが返ってくる）

4 うなり

振動数が少しだけ異なる音を同時に出すと，音が周期的に大きくなったり小さくなったりして聞こえる現象。

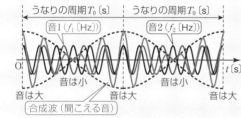

1秒あたりのうなりの回数f〔Hz〕（うなりの振動数）は

$$f = |f_1 - f_2|$$

なお，うなりの周期T_0〔s〕と1秒あたりのうなりの回数fとの関係は$f = \dfrac{1}{T_0}$である。

---

① 気温が20℃のとき，空気中を伝わる音の速さはいくらか。

<u>答</u>

② 3種類の音A，B，Cをマイクとオシロスコープを用いて観察したところ，それぞれ図(a)，図(b)，図(c)のようになった。以下の文中の空欄にA，B，Cのうち適するものを記入せよ。

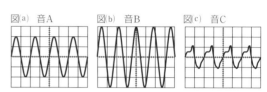

「3つの音のうち，振幅が最も大きいのは
ア（　　　）である。また，3つの音のうち，周期が最も短いのは イ（　　　）である。」

③ 大きな壁から525mのところで手をたたき，「パン！」という大きな音を出したところ，3.00s後にその反射音が聞こえた。この音が空気中を伝わる速さはいくらか。

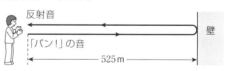

<u>答</u>

④ 上の③の場合，気温は何℃だったか。

<u>答</u>

⑤ 300Hzと298Hzのおんさを同時に鳴らすと，うなりは1秒あたり何回聞こえるか。

<u>答</u>

EXERCISE

例題 25 ◆ うなり ▶77

振動数440HzのおんさAと振動数がわからないおんさBを同時に鳴らすと，3s間に6回の割合でうなりが聞こえた。次におんさBと振動数441HzのおんさCを同時に鳴らすと，うなりの周期が3s間に3回になった。おんさBの振動数は何Hzか。

ここがポイント 2つの音の振動数をf_1，f_2とすれば，1秒あたりのうなりの回数f〔Hz〕は$f=|f_1-f_2|$である。AとBを同時に鳴らした結果だけでは，おんさBの振動数は求まらないことに注意する。

◆解法◆

おんさAとおんさBを同時に鳴らして，3s間に6回の割合でうなりが聞こえたことより，1秒あたりのうなりの回数は

$$\frac{ア(\qquad)}{3} = イ(\qquad)〔Hz〕$$

である。したがって，おんさBの振動数をf_2〔Hz〕とすると

$$ウ(\qquad) = |440-f_2|$$

これより，f_2としては，442Hzと438Hzが考えられる。

次に，おんさBとおんさCを同時に鳴らしたときの，1秒あたりのうなりの回数は

$$\frac{3}{エ(\qquad)} = オ(\qquad)〔Hz〕$$

である。したがって

$$1 = |カ(\qquad) -f_2|$$

これより，f_2としては，442Hzと440Hzが考えられる。2つの結果より，おんさBの振動数は442Hzである。

答 442Hz

🔧 ▶**76** 〈音の反射と距離〉船が8.00m/sの速さで壁に向かって進んでいる。船の前方にある壁に向かって汽笛を鳴らしたところ，2.00s後に反射した汽笛の音が聞こえた。汽笛を鳴らした時点での船と壁との距離を求めよ。ただし，音の速さを340m/sとする。

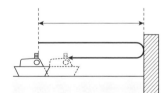

答

▶**77** 〈うなり〉振動数440.0HzのおんさAと振動数がわからないおんさBを同時に鳴らすと，2秒間に5回の割合で音の大小が変化した。

(1) 1秒あたりのうなりの回数は何回か。

答

(2) おんさBの振動数f_Bは何Hzまたは何Hzか。

答 　　　　　Hz または 　　　　Hz

❓(3) 次におんさBと441.0HzのおんさCを同時に鳴らすと，うなりの周期が2秒間に3回になった。おんさBの振動数f_Bは何Hzか。

答

3章
波

18 発音体の振動（弦の固有振動）

1 弦の固有振動

❶ 弦の定在波

弦をはじくと，両端を節とする定在波が生じる。
弦の長さを l とすると，弦の定在波の波長 λ_n は

$$\lambda_n = \frac{2l}{n} \quad (n = 1, 2, 3, \cdots)$$

$n = 1, 2, 3, \cdots$ の定在波に対応する振動を弦の**固有振動**という。

❷ 弦の固有振動数

弦を伝わる波の速さを v とすると，弦の振動数 f_n は

$$f_n = \frac{v}{\lambda_n} = \frac{v}{2l} \times n \quad (n = 1, 2, 3, \cdots)$$

〈発展〉 **弦を伝わる波の速さ**：弦の線密度を ρ〔kg/m〕，
張力を S〔N〕とすると

$$v = \sqrt{\frac{S}{\rho}}$$

❸ n 倍振動

固有振動 の名称	固有振動のようす
基本振動	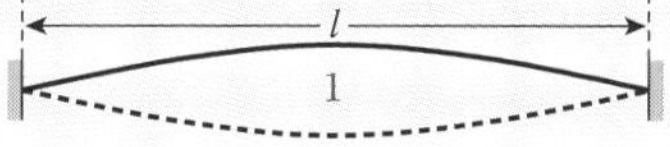 ![基本振動] l　1 波長 $\lambda_1 = 2l$　　固有振動数 $f_1 = \dfrac{v}{2l}$
2倍振動	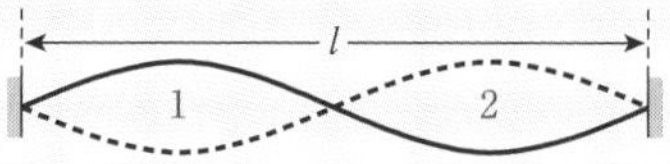 l　1　2 $\lambda_2 = l$　　$f_2 = \dfrac{v}{l} = 2f_1$
3倍振動	 l　1　2　3 $\lambda_3 = \dfrac{2l}{3}$　　$f_3 = \dfrac{3v}{2l} = 3f_1$
⋯	⋯
n倍振動 （nは2以上 の自然数）	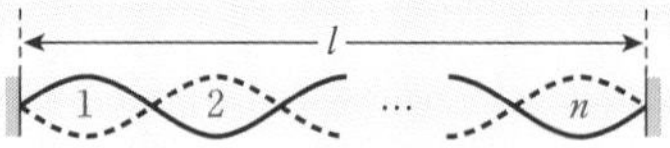 l　1　2　⋯　n $\lambda_n = \dfrac{2l}{n}$　　$f_n = \dfrac{nv}{2l} = nf_1$

❹ 倍音と音色

基本振動以外をまとめて**倍振動**という。
基本振動による音を**基本音**，基本音以外の音をまとめて**倍音**という。
楽器から出る音には，基本音だけでなく倍音が含まれている。

ポイントチェック

① 弦をはじいたところ，図1のように振動した。この固有振動は何倍振動か。

図1

② ①の図1の弦は240Hzで振動していた。この弦の基本振動数は何Hzか。

③ 長さ0.75mの弦をはじいたところ，図2のように振動した。この弦を伝わっている波の波長は何mか。

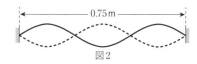

0.75m

図2

④ ③の図2の弦を伝わる波の速さが80m/sのとき，弦は何Hzで振動しているか。

⑤ 長さ0.60mの弦をはじいたところ，腹が1つの固有振動になった。この弦を伝わっている波の波長は何mか。

⑥ 長さ1.8mの弦をはじいたところ，5倍振動になった。この弦を伝わる波の速さが90m/sのとき，弦は何Hzで振動しているか。

70

EXERCISE

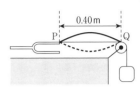

例題 26 ◆ 弦の振動
▶78, 79, 86

振動数のわからないおんさに糸をつけ，滑車にかけて他端におもりをつるし，おんさを振動させたところ，PQ間に1個の腹をもつ定在波が観察された。このときのPQ間の長さは0.40m，弦を伝わる波の速さは 4.0×10^2 m/sである。次の問いに答えよ。

(1) 定在波の波長を求めよ。

(2) 弦の振動数を求めよ。

ここが ポイント 　定在波のようすから波長 λ を求めることができる。また，弦を伝わる波の速さと波長より，弦（おんさ）の振動数を求めることができる。

◆解法◆

(1) 弦は基本振動をしていることがわかる。これより，波長 λ〔m〕は

$$\lambda = 2 \times \quad ア(\qquad) = 0.80 \,〔m〕$$

となることがわかる。　　　　**答 0.80 m**

(2) 弦を伝わる波の速さは 4.0×10^2 m/sである。これと(1)の結果より，弦の振動数を f〔Hz〕とすると

$$f = \frac{v}{\lambda} = \frac{イ(\qquad)}{0.80} = 5.0 \times 10^2 \,〔Hz〕$$

答 5.0×10^2 Hz

▶**78** 〈弦の振動〉振動数のわからないおんさに糸をつけ，滑車にかけて他端におもりをつるし，おんさを振動させたところ，AB間に2個の腹をもつ定在波が観察された。このときのAB間の長さは1.0m，弦を伝わる波の速さは 6.0×10^2 m/sである。次の問いに答えよ。

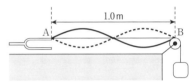

(1) 定在波の波長を求めよ。

(2) おんさの振動数を求めよ。

▶**79** 〈弦の振動と音〉長さ90cmの弦が3倍振動して210Hzの音が出ている。

(1) この固有振動のようすを下図に記入せよ。

(2) この弦に生じている定在波の波長は何mか。

(3) この弦を伝わる波の速さは何m/sか。

(4) この弦から出ている210Hzの音を何というか。

(5) この弦の基本音は何Hzか。

3章

波

1 気柱の固有振動

管には**閉管**（片方の端が閉じている管）と**開管**（両方の端が開いている管）があり，管の種類によって生じる定在波のようすは異なる。

2 閉管における気柱の固有振動

開口部が定在波の腹，閉口部が節になる。

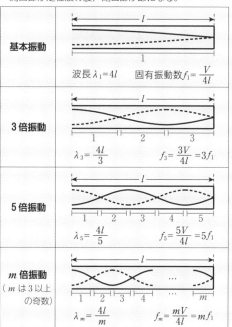

基本振動	波長 $\lambda_1 = 4l$ 固有振動数 $f_1 = \dfrac{V}{4l}$
3倍振動	$\lambda_3 = \dfrac{4l}{3}$ $f_3 = \dfrac{3V}{4l} = 3f_1$
5倍振動	$\lambda_5 = \dfrac{4l}{5}$ $f_5 = \dfrac{5V}{4l} = 5f_1$
m倍振動 （mは3以上の奇数）	$\lambda_m = \dfrac{4l}{m}$ $f_m = \dfrac{mV}{4l} = mf_1$

3 開管における気柱の固有振動

開口部が定在波の腹になる。

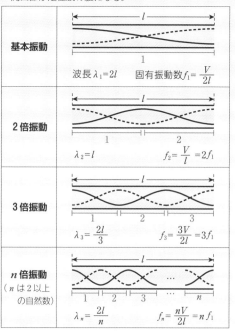

基本振動	波長 $\lambda_1 = 2l$ 固有振動数 $f_1 = \dfrac{V}{2l}$
2倍振動	$\lambda_2 = l$ $f_2 = \dfrac{V}{l} = 2f_1$
3倍振動	$\lambda_3 = \dfrac{2l}{3}$ $f_3 = \dfrac{3V}{2l} = 3f_1$
n倍振動 （nは2以上の自然数）	$\lambda_n = \dfrac{2l}{n}$ $f_n = \dfrac{nV}{2l} = nf_1$

4 開口端補正

開口部の腹の位置は，管口より少し外に出ている。このずれ Δl を**開口端補正**という。

$$l + \Delta l = \frac{\lambda}{4}$$

5 共振・共鳴

固有振動数に合った周期で力が加わると，物体は大きく振動する。この現象を**共振**という。

音における共振を**共鳴**という。音源の振動数と気柱の固有振動数が等しいときに管に大きな音が発生する。これを**気柱の共鳴**という。

ポイントチェック

1 長さ85cmの閉管内の気柱が5倍振動で共鳴した。振動のようすを図1にかけ。

図1

85cm

2 1の図1の管内を伝わる音の波長は何mか。

答

3 音速が340m/sのとき，1の図1の振動数は何Hzか。

答

4 長さ51cmの開管内の気柱が3倍振動で共鳴した。振動のようすを図2にかけ。

図2

51cm

5 4の図2の管内を伝わる音の波長は何mか。

答

6 音速が340m/sのとき，4の図2の振動数は何Hzか。

答

EXERCISE

▶80, 81

例題 27 ◆気柱の固有振動（閉管）

長さ0.25mの閉管について，基本振動が生じている。ただし，開口端補正は無視
できるものとし，音の速さを340m/sとする。次の問いに答えよ。

(1) 定在波のようすを図中にかけ。

(2) 定在波の波長を求めよ。

(3) 定在波の振動数を求めよ。

ここが ポイント 閉管に生じる定在波は開口部が腹，閉口部が節になる。気柱の固有振動の中で，基本
振動は最も定在波の波長が長い。

◆解法◆

(1) 基本振動であることより，閉管に生じる定在波は
次のようになる。

答

(2) (1)の図より定在波の波長は ア( ) mである。

答 ア( ) m

(3) (1)，(2)の結果より，振動数 f〔Hz〕は

$$f = \frac{V}{\lambda} = \frac{340}{1.0} = イ( )〔Hz〕$$

答 イ( ) Hz

▶**80** 〈気柱の固有振動（閉管）〉長さ0.60mの閉管について，3
倍振動が生じている。次の問いに答えよ。ただし，開口端補正
は無視できるものとし，音の速さを340m/sとする。

(1) 定在波のようすを図中にかけ。

(2) 定在波の波長を求めよ。

(3) 定在波の振動数を求めよ。

答

▶**81** 〈気柱の固有振動（閉管）〉閉管内に図のような定在波が生じている。次の
問いに答えよ。ただし，開口端補正は無視できるものとし，音の速さを340m/s
とする。

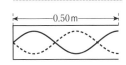

(1) 定在波の波長を求めよ。

(2) 定在波の振動数を求めよ。

答

3章 波

EXERCISE

例題 28 ◆ 気柱の固有振動（開管） ▶82, 83, 84, 87

長さ0.40mの開管について，基本振動が生じている。ただし，開口端補正は無視できるものとし，音の速さを340m/sとする。次の問いに答えよ。

←―0.40m―→

⑴ 定在波のようすを図中にかけ。

⑵ 定在波の波長を求めよ。

⑶ 定在波の振動数を求めよ。

ここが ポイント　開管に生じる定在波は両端が腹となる。気柱の固有振動の中で，基本振動は最も定在波の波長が長い。

◆解法◆

⑴ 基本振動であることより，開管に生じる定在波は次のようになる。

答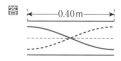
←―0.40m―→

⑵ ⑴の図より定在波の波長は ア（　　　）mである。

答 ア（　　　）m

⑶ ⑴，⑵の結果より，振動数 f〔Hz〕は

$$f = \frac{V}{\lambda} = \frac{340}{0.80} = イ(\qquad) ≒ 4.3 \times 10^2 \text{〔Hz〕}$$

答 4.3×10^2 Hz

▶**82** 〈気柱の固有振動（開管）〉長さが0.17mの開管について，3倍振動が生じている。ただし，開口端補正は無視できるものとし，音の速さを340m/sとする。次の問いに答えよ。

⑴ 定在波のようすを図中にかけ。

←―――――0.17m―――――→

⑵ 定在波の波長を求めよ。

答

⑶ 定在波の振動数を求めよ。

答

▶**83** 〈気柱の固有振動（開管）〉開管内に図のような定在波が生じている。ただし，開口端補正は無視できるものとし，音の速さを340m/sとする。次の問いに答えよ。

←―――0.60m―――→
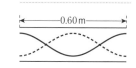

⑴ 定在波の波長を求めよ。

答

⑵ 定在波の振動数を求めよ。

答

例 題 29 ◆ 気柱の共鳴 ▶88

図のように，気柱共鳴実験装置のガラス管の管口近くでおんさを鳴らしながら，水
だめを下げていき，管内の水位を下げていった。すると，管口から水面までの距離
が0.150mのときに初めて気柱が共鳴し，次に共鳴したのは0.490mのときであった。
音の速さを340m/sとして，次の問いに答えよ。

水だめ

(1) 気柱に生じる定在波の波長は何mか。

(2) おんさの振動数は何Hzか。

(3) 開口端補正は何mか。

 共鳴するのは，音源の振動数と気柱の固有振動数が等しいときである。開口端補正の
ため，最初の共鳴点のみでは定在波の波長を求めることはできないことに注意する。

◆解法◆

(1) 気柱の共鳴のようす
は右の図のようになる。
よって，定在波の波長
をλ〔m〕とすると

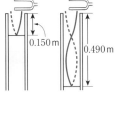
0.150m　0.490m

$$\frac{\lambda}{2} = 0.490 - 0.150$$

よって

$$\lambda = 2 \times \quad ^{\text{ア}}(\qquad)$$
$$= 0.680 〔m〕$$

答 0.680 m

(2) (1)の結果より，振動数f〔Hz〕は

$$f = \frac{V}{\lambda} = \frac{340}{0.680} = \quad ^{\text{イ}}(\qquad) 〔Hz〕$$

答 5.0×10² Hz

(3) (1)の結果より

$$\frac{\lambda}{4} = \frac{0.680}{4} = 0.170 〔m〕$$

よって，開口端補正をΔl〔m〕とすると

$$\Delta l = 0.170 - \quad ^{\text{ウ}}(\qquad)$$
$$= 0.020 〔m〕$$

答 0.020 m

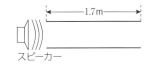
Δl
0.150 m

▶**84 〈気柱の共鳴〉** 長さ1.7mの開管の片方の開口端付近にスピーカーを置
いて小さな音を出したところ，管内の気柱は4倍振動で共鳴して大きな音
になった。次の問いに答えよ。ただし，開口端補正は無視できるものとし，
音の速さを340m/sとする。

1.7m
スピーカー

3章 波

(1) スピーカーから出ている音の波長は何mか。

答

(2) スピーカーから出ている音の振動数は何Hzか。

答

(3) この開管の固有振動の基本振動数は何Hzか。

答

(4) スピーカーの振動数を(2)の値から徐々に大きくしていく。次に共鳴するのは何Hzのときか。

答

例題の答　　ア：0.340　イ：500　ウ：0.150

▶85 〈オシロスコープでの読み取り〉（1997　センター試験追試　改）

いろいろな音をマイクロホンとオシロスコープを使って観察した。音(A)～(E)について観察した
オシロスコープの画面が図に示してある。ただし，縦軸・横軸の目盛幅はそれぞれすべて同じであ
る。

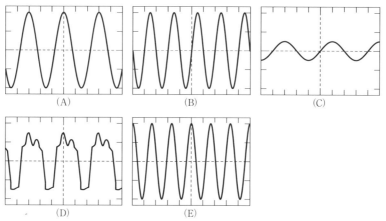

(A)　　　　　(B)　　　　　(C)

(D)　　　　　(E)

⑴　最も高い音はどれか。

⑵　音(A)と同じ高さの音はどれか。

▶86 〈弦の共振〉図のように，210Hzの振動数で音を
出しているスピーカーに糸をつけ，コマの位置
を動かして長さを変えられる弦を作った。弦の
長さが1.20mのとき，弦は右図のように振動し

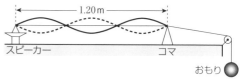

1.20m

スピーカー　　　　　コマ

おもり

た。ただし，コマの位置を動かしても弦を伝わる波の速さは変化しないものとする。

⑴　弦を伝わる波の波長を求めよ。

⑵　弦を4倍振動させたい。スピーカーの振動数を何Hzにすればよいか。

⑶　スピーカーの振動数を210Hzにもどし，コマを動かして弦の長さを *l*〔m〕にしたところ，弦は4
倍振動するようになった。*l*の値を求めよ。

▶ 87 〈開管内の気柱の固有振動〉長さ0.670mの開管の片方の開
口端付近にスピーカーを置いて音を出す。その振動数を
0Hzから徐々に大きくしていくと，まずf_1〔Hz〕のとき
に共鳴し，次に500Hzのときに共鳴した。次の問いに
答えよ。ただし，開口端補正は無視できるものとする。

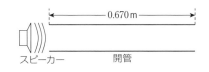

0.670m

スピーカー　　　　開管

(1)　500Hzで共鳴しているとき，管内の気柱は何倍振動をしているか。

答

(2)　音波が管内の空気中を伝わる速さは何m/sか。

答

(3)　最初に共鳴するときの振動数f_1の値を求めよ。

答

(4)　スピーカーから出す音の振動数を500Hzから徐々に大きくしていく。次に共鳴するのは何Hzの
ときか。

答

▶ 88 〈音速の測定〉(1996　センター試験　改)
空気中の音速を測定するために，図のような装置を用いて気柱共鳴の実
験をおこなった。振動数440Hzのおんさに対し，水位がある位置になっ
たとき初めて音が大きく聞こえた。その後，水位をその位置から40.0cm
下げたときに再び大きく聞こえた。次の問いに答えよ。

(1)　空気中の音速は何m/sか。

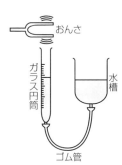

おんさ

ガラス円筒

水槽

ゴム管

答

(2)　気温が下がってから同じ実験をした。音が大きく聞こえるときの水位は最初に比べてどのように
なるか。次の①～③のうちから正しいものを選べ。
①　上方に移動する。
②　下方に移動する。
③　変化しない。

答

20 静電気，電流

1 電荷

- 正電荷（＋）と負電荷（－）の2種類
- **同種**の電荷どうしは**斥力**（反発力），**異種**の電荷どうしは**引力**を及ぼし合う。

2 摩擦電気と帯電の理由

　種類の違う物質どうしをこすり合わせると，摩擦によって電子の一部が移動する。電子（負電荷）を得た物質は負電荷が多くなるので負に帯電し，電子を失った物質は負電荷が少なくなるので正に帯電する。摩擦によって物体が帯びた電気を**摩擦電気（静電気）**と呼ぶ。

摩擦により電子の一部が移動する

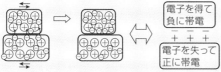

電子を得て
負に帯電

電子を失って
正に帯電

3 導体・不導体（絶縁体）

導体…電気を通しやすいもの。**自由電子**をもつ。
不導体（絶縁体）…電気を通さないもの。自由電子をもたない。

4 電流

　電源の＋極から－極へと向かう正電荷の流れ。実際には，自由電子（負電荷）が－極から＋極へ向かって移動している。

電流の向き ⇨

5 導線の断面を通過する電気量

$Q = It$

Q〔C〕：電気量の大きさ
I〔A〕：電流
t〔s〕：時間

電流 I〔A〕 ⇨

この断面を t 秒間に，$Q=It$〔C〕の電荷が通過する

6 電子と電気量

電気素量 e〔C〕…電子1個がもつ電気量〔C〕の絶対値（1.6×10^{-19}C）。

導体の断面を電子が N 個通過したとき，通過した電気量の大きさ Q〔C〕は次式で表される。 $Q = eN$

7 電子による電流

$I = envS$

I〔A〕：電流，e〔C〕：電気素量
n〔個/m³〕：自由電子の数密度（体積1m³中の個数）
v〔m/s〕：自由電子の移動の速さ，S〔m²〕：導体の断面積

電流 I〔A〕

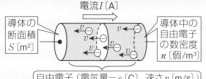

導体の
断面積
S〔m²〕

導体中の
自由電子
の数密度
n〔個/m³〕

自由電子（電気量 $-e$〔C〕，速さ v〔m/s〕）

ポイントチェック

1　物質Aと物質Bをこすったところ，Aは正に帯電した。これは摩擦によって ア（　A　・　B　）の電子の一部が イ（　A　・　B　）に移動したためである。したがって，Bは ウ（　正に帯電する　・　負に帯電する　・　帯電しない　）。

　AとBを近づけると静電気力を及ぼし合う。そしてこの力は エ（　斥力　・　引力　）である。

2　銅やアルミニウムのような金属は内部に オ（　　　　　）をもつので電気をよく通す。これらの物質は カ（　　　　　）と呼ばれる。

　アクリルや塩化ビニルなどは内部に オ（　　　　　）をもたないので，電気を キ（　　　　　）。これらの物質は ク（　　　　　）または ケ（　　　　　）と呼ばれる。

3　図のように電球に電池をつないだ。電球を流れる電流は コ（　A→B　・　B→A　）の向きであり，自由電子は サ（　A→B　・　B→A　）の向きに移動している。

電球

A　B

電池
－　＋

4　導体に1.5Aの電流を2.0分間流した。この導線の断面を通過した電気量の大きさは何Cか。

5　導体に一定の大きさの電流を5.0分間流し続けたところ，導線の断面を大きさ120Cの電気量が流れた。この電流は何Aか。

78

E X E R C I S E

断面積 $2.0\,\text{mm}^2$ の導線に $2.4\,\text{A}$ の電流が 10 分間流れた。導線の中の自由電子の
数密度（$1\,\text{m}^3$ 中の個数）は 8.5×10^{28} 個/m^3，電子 1 個の電気量は
$-e = -1.6\times10^{-19}\,\text{C}$ とする。次の問いに答えよ。

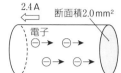

(1) この導線の断面を通過した電気量の大きさは何 C か。

(2) この導線の断面を通過した自由電子の数は何個か。

(3) 導体内の自由電子の速さはいくらか。

> **ここが ポイント** 与えられた値のうち，時間は単位を〔s〕に，面積は単位を〔m^2〕になおしてから用い
> る。

◆解法◆

(1) 10 分 $= 60\,\text{s}\times10 = 600\,\text{s}$

この導線の断面を流れた電荷の量（電気量）の大き
さは，「$Q = It$」より

$$Q = 2.4\times600 = 1440 \fallingdotseq 1.4\times10^3\,〔\text{C}〕$$

答 $1.4\times10^3\,\text{C}$

(2) この間に導線の断面を通過した自由電子の数 N は，
電子 1 個の電気量の絶対値 $|-e| = 1.6\times10^{-19}\,\text{C}$ で通
過した電気量をわって

$$N = \frac{Q}{e} = \frac{1440}{1.6\times10^{-19}} = 9.0\times10^{21}\,〔個〕$$

答 9.0×10^{21} 個

(3) $1\,\text{mm}^2 = 1\,\text{mm}\times1\,\text{mm} = 10^{-3}\,\text{m}\times10^{-3}\,\text{m}$
$= {}^{ア}(\qquad)$ なので

$$2.0\,\text{mm}^2 = 2.0\times10^{-6}\,\text{m}^2$$

求める速さを $v\,〔\text{m/s}〕$ とする。題意より，電流の大
きさ $I = 2.4\,\text{A}$，電子の数密度 $n = 8.5\times10^{28}$ 個/m^3，
$S = 2.0\times10^{-6}\,\text{m}^2$ なので，「$I = envS$」より

$$v = \frac{I}{enS} = \frac{2.4}{1.6\times10^{-19}\times8.5\times10^{28}\times2.0\times10^{-6}}$$
$$= \frac{3.0}{34}\times10^{-3} \fallingdotseq 8.8\times10^{-5}\,〔\text{m/s}〕$$

答 $8.8\times10^{-5}\,\text{m/s}$

▶89 〈摩擦電気〉 ストローを紙でこすったところ，ストローは負に帯電した。次の
問いに答えよ。

(1) このとき，紙は正に帯電するか，負に帯電するか，あるいは帯電しないか。

答

(2) このとき，電子はどちらからどちらへ移動したか。

答

(3) 帯電したストローの電気量が $-4.8\times10^{-12}\,\text{C}$ のとき，移動した電子の数はいくらか。ただし，電子 1
個の電気量の絶対値は $e = 1.6\times10^{-19}\,\text{C}$ とする。

答

21 電気抵抗

1 文字と物理量 📖p.4 ❼

V〔ボルト V〕：**電圧（電位差）**

I〔アンペア A〕：**電流**

R〔オーム Ω〕：**抵抗**または**電気抵抗**

2 オームの法則 📖p.4 ❼

R〔Ω〕の抵抗に V〔V〕の電圧を加えると，流れる電流 I〔A〕は V〔V〕に比例し，$I = \dfrac{V}{R}$〔A〕になる。

$$\boxed{V = RI}$$

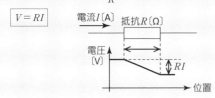

〈参考〉 R〔Ω〕の抵抗に I〔A〕の電流が流れるとき，抵抗の両端に V〔V〕の電圧が生じる。（電圧降下が生じる）

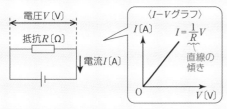

3 合成抵抗 📖p.4 ❼

複数の抵抗と同じはたらきをする1つの抵抗の値

❶ 直列接続の合成抵抗 $\boxed{R = R_1 + R_2 + R_3 + \cdots}$

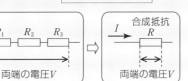

❷ 並列接続の合成抵抗 $\boxed{\dfrac{1}{R} = \dfrac{1}{R_1} + \dfrac{1}{R_2} + \dfrac{1}{R_3} + \cdots}$

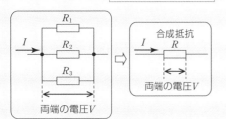

① 3.0Ωの抵抗に1.5Aの電流が流れているとき，抵抗の両端の電圧はいくらか。

② 5.0Ωの抵抗に3.0Vの電源を接続した。

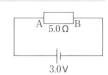

　この抵抗には ア（ A→B ・ B→A ） の向きに $I =$ イ（　　　　） Aの電流が流れている。

③ 2つの抵抗と電源を図のように接続した。

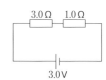

　抵抗のこのようなつなぎ方を ウ（　　　　）接続と呼び，これらの2つの抵抗の合成抵抗の値は エ（　　　　） Ωになる。また，この回路には オ（　　　　） Aの電流が流れる。

④ 2つの抵抗と電源を図のように接続した。

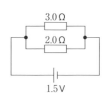

　抵抗のこのようなつなぎ方を カ（　　　　）接続と呼び，これらの2つの抵抗の合成抵抗の値は キ（　　　　） Ωになる。また，この回路には ク（　　　　） Aの電流が流れる。

EXERCISE

▶90，98

例題 31 ◆ 合成抵抗

図1のように，$R_1 = 1.0\,\Omega$，$R_2 = 5.0\,\Omega$，$R_3 = 4.0\,\Omega$ の3つの抵抗に6.0Vの電源を接続した。

(1) R_1 と R_2 の合成抵抗 R_{12} は何Ωか。

(2) AB間の合成抵抗 R_{AB} は何Ωか。

(3) 電源を流れる電流を求めよ。

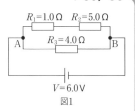

図1

ここがポイント 合成抵抗の公式を使ってできるところから合成し，抵抗の数を減らし簡単な回路に置きかえる。AB間の合成抵抗 R_{AB} は，R_3 と(1)で求めた R_{12} が並列接続されていると考えて求めればよい。

◆解法◆

(1) 直列接続の合成抵抗の公式
「$R = R_1 + R_2 + R_3 + \cdots$」より
$$R_{12} = {}^{ア}(\quad\quad) + {}^{イ}(\quad\quad) = 6.0\,[\Omega]$$
答 6.0Ω

(2) 図2の回路に並列接続の合成抵抗の公式
「$\dfrac{1}{R} = \dfrac{1}{R_1} + \dfrac{1}{R_2} + \dfrac{1}{R_3} + \cdots$」を適用して
$$\frac{1}{R_{AB}} = {}^{ウ}(\quad\quad) + {}^{エ}(\quad\quad)$$
$$= \frac{1}{4.0} + \frac{1}{6.0} = \frac{3+2}{12} = \frac{5}{12}$$
よって $R_{AB} = \dfrac{12}{5} = 2.4\,[\Omega]$　　**答 2.4Ω**

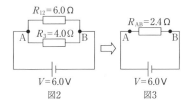

図2　図3

(3) 図3にオームの法則「$V = RI$」を適用して
$$I = \frac{V}{R_{AB}} = \frac{6.0}{2.4} = 2.5\,[A]$$
答 2.5A

〈別解〉 図2で抵抗 R_{12}，R_3 を流れる電流をそれぞれ $I_{12}\,[A]$，$I_3\,[A]$ とする。オームの法則「$V = RI$」を図2の R_{12}，R_3 に適用して
$$I_{12} = \frac{V}{R_{12}} = \frac{6.0}{6.0} = 1.0\,[A]$$
$$I_3 = \frac{V}{R_3} = \frac{6.0}{4.0} = 1.5\,[A]$$
したがって，図2において電源を流れる電流は
$$I_{12} + I_3 = 1.0 + 1.5 = 2.5\,[A]$$

▶**90** 〈回路内の抵抗〉 **例題 31** において，次の問いに答えよ。

(1) 抵抗 R_1 の両端の電圧は何Vか。

答

(2) 抵抗 R_2 の両端の電圧は何Vか。

答

例題の答　ア，イ：1.0，5.0（順不同）　　ウ，エ：$\dfrac{1}{R_3}$，$\dfrac{1}{R_{12}}$（順不同）

22 抵抗率，ジュール熱

1 抵抗率 ρ〔Ω·m〕

導体をつくっている物質の長さ1m，断面積1m²あたりの抵抗。

2 導体の形状と抵抗

抵抗率 ρ〔Ω·m〕の材質でできた長さ l〔m〕，断面積 S〔m²〕の導体の抵抗 R〔Ω〕は

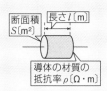

断面積 S〔m²〕 長さ l〔m〕

導体の材質の抵抗率 ρ〔Ω·m〕

$$R = \rho \frac{l}{S}$$

3 ジュール熱 p.4 ７

抵抗に電流が流れるときに生じる熱。

$$Q = IVt = I^2Rt = \frac{V^2}{R}t$$

Q〔J〕：ジュール熱
I〔A〕：電流，V〔V〕：電圧，R〔Ω〕：抵抗
t〔s〕：電流を流した時間

4 電力量と電力

・**電力量** W〔J〕：電流がした仕事の量。電源に抵抗が接続された場合，電源の電力量は抵抗で生じるジュール熱に等しい。

$$W = IVt = I^2Rt = \frac{V^2}{R}t$$

W〔J〕：電力量
I〔A〕：電流，V〔V〕：電圧，R〔Ω〕：抵抗
t〔s〕：電流を流した時間

・**電力** P〔W〕：単位時間に電流がした仕事の量。

$$P = \frac{W}{t} = IV = I^2R = \frac{V^2}{R}$$

P〔W〕：電力，W〔J〕：電力量
t〔s〕：電流を流した時間
I〔A〕：電流，V〔V〕：電圧，R〔Ω〕：抵抗

ポイントチェック

1 アルミニウム（抵抗率は 2.5×10^{-8} Ω·m）で断面積 5.0×10^{-7} m²，長さ100mの導線をつくった。この導線の抵抗値を求めよ。

答

2 15Ωの抵抗に2.0Aの電流を10分間流すときに発生するジュール熱は何Jか。

答

3 ある電熱器を100Vの電源につないだら，消費される電力が1500Wだった。この電熱器を流れる電流は何Aか。

答

4 8.0Ωの抵抗に40Vの電源を接続して電流を流した。この抵抗において消費される電力は何Wか。

答

5 10Ωの抵抗に1.5Aの電流を4.0分間流すとき，消費される電力量は何Jになるか。

答

6 100Vの電源につないだとき，消費される電力が800Wの電熱器の抵抗値は何Ωか。

答

7 消費電力1000W（＝1kW）の器具を1時間（1h）使用するときの消費される電力量を1kWh（「キロワット時」と読む）という。

1500Wの電熱器を30分間使うときの消費される電力量は何kWhか。

答

EXERCISE

▶91, 99

例題32◆抵抗率と抵抗

抵抗率 ρ の物質で長さ l，断面積 S の金属棒をつくり，起電力 V の電池をつないだ。

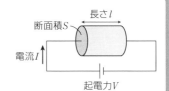

長さ l
断面積 S
電流 I
起電力 V

(1) この金属棒の抵抗 R はいくらか。

(2) この金属棒を流れる電流 I はいくらか。

(3) 同じ長さ，断面積で抵抗率が ρ より大きい物質でできた金属棒に取りかえると，電流は流れやすくなるか，流れにくくなるか。

(4) もとの金属棒を断面積が4分の1，長さが半分になるように切断した。この金属棒の抵抗 R' は(1)の何倍になるか。

(5) (4)の金属棒を起電力 V の電池につなぐと，電流は(2)の何倍になるか。

ここがポイント 抵抗は物質の種類と形状で決まり，抵抗率と長さに比例し，断面積に反比例する。

◆解法◆

(1) 導体の形状と抵抗の式より $R = \rho \dfrac{l}{S}$ **答 $\rho \dfrac{l}{S}$**

(2) オームの法則「$V = RI$」より

$$I = \frac{V}{R} = \frac{V}{\dfrac{\rho l}{S}} = \frac{VS}{\rho l}$$ **答 $\dfrac{VS}{\rho l}$**

(3) 電流は(2)より $I = \dfrac{VS}{\rho l}$ である。この式で，抵抗率 ρ が大きくなれば分母も大きくなって，電流 I の値は小さくなる。 **答 流れにくくなる。**

(4) この金属棒の断面積は S を用いて表すと
ア（　　　　　），長さは l を用いて表すと
イ（　　　　　）。

導体の形状と抵抗の式「$R = \rho \dfrac{l}{S}$」より，切断された金属棒の抵抗 R' は

$$R' = \rho \frac{\dfrac{l}{2}}{\dfrac{S}{4}} = \rho \frac{l}{2} \times \frac{4}{S} = 2\rho \frac{l}{S} = 2R$$ **答 2倍**

(5) オームの法則「$V = RI$」より，(2)の電流は $I = \dfrac{V}{R}$

(4)の金属棒を流れる電流は $I' = \dfrac{V}{2R} = \dfrac{I}{2}$

答 $\dfrac{1}{2}$倍

▶**91 〈抵抗率〉** 抵抗率 $2.0 \times 10^{-6}\,\Omega \cdot \mathrm{m}$ の物質で長さ1.5m，断面積 $3.0 \times 10^{-7}\,\mathrm{m}^2$ の導体棒をつくり，起電力36Vの電池につないだ。

(1) この導体棒の抵抗は何Ωか。

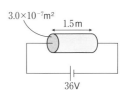

$3.0 \times 10^{-7}\,\mathrm{m}^2$
1.5m
36V

答

(2) この導体棒を流れる電流は何Aか。

答

(3) もとの導体棒と長さは同じで断面積が2倍の導体棒を用意した。この導体棒の抵抗は(1)の何倍になるか。

答

(4) もとの導体棒と同じものを2本用意し，直列に接続した。合成抵抗は(1)の何倍になるか。

答

例題の答　ア：$\dfrac{S}{4}$　イ：$\dfrac{l}{2}$

EXERCISE

▶92, 100

例題 33 ◆ ジュール熱

図のような容器の中に10℃の水200gと抵抗Rが入っている。抵抗Rに20Vの
電源をつなぎ，スイッチを入れたところ，回路に2.5Aの電流が流れた。そして，
そのまま放置し，7.0分後にスイッチを切った。

(1) 電流が流れているとき，抵抗で消費される電力は何Wか。

(2) 電流を流した7.0分間に抵抗で発生したジュール熱は何Jか。

(3) 7.0分間電流を流した後の水温は何℃になるか。ただし，抵抗で発生した
ジュール熱はすべて水に与えられるものとする。また，水の比熱を
4.2J/(g·K)とする。

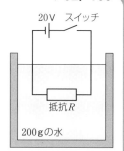

 ジュール熱を求めるためには，時間の単位を〔s〕になおす。水温が上昇するのに必要
な熱量は発生したジュール熱と等しいことを用いて式を立て，水温が何℃上昇するか
求める。

◆解法◆

(1) 電力の公式「$P = IV$」より
$$P = 2.5 \times 20 = 50 \,〔W〕$$
答 50W

(2) 7.0分 $= 60s \times 7.0 = $ ア(　　　) s である。
ジュール熱の公式「$Q = IVt$」，電力の公式「$P = IV$」
より
$$Q = Pt = 50 \times 420 = 2.1 \times 10^4 \,〔J〕$$
答 2.1×10^4 J

〈別解〉 ジュール熱の公式「$Q = Pt$」より
$$Q = 50 \times 420 = 2.1 \times 10^4 \,〔J〕$$

(3) 温度が ΔT〔K〕上昇して，水温が T〔℃〕になっ
たとすると
$$T = 10 + \Delta T \,〔℃〕$$

熱量の公式「$Q = mc\Delta T$」より $\Delta T = \dfrac{Q}{mc}$

題意より
$$T = 10 + \Delta T = 10 + \frac{2.1 \times 10^4}{200 \times 4.2}$$
$$= 10 + \text{イ}(\quad) = 35 \,〔℃〕$$
答 35℃

▶**92 〈ジュール熱〉** 図のような容器の中に10℃の水500gと抵抗値14Ωの抵抗R
が入っている。抵抗Rに70Vの電源をつなぎスイッチを入れ，そのまま放置し，
3.0分後にスイッチを切った。

(1) 電流が流れているとき，抵抗で消費される電力は何Wか。

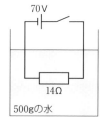

答

(2) 電流を流した3.0分間に抵抗で発生したジュール熱は何Jか。

答

(3) 3.0分間電流を流したときの水の温度上昇は何Kか。ただし，抵抗で発生したジュール熱はすべて水
に与えられるものとする。また，水の比熱を4.2J/(g·K)とする。

答

(4) 3.0分間電流を流した後の水温は何℃か。

答

例題の答　ア：420　イ：25

▶ **93 〈直列の合成抵抗〉** $R_1 = 2.0\,\Omega$, $R_2 = 6.0\,\Omega$ の抵抗を右図のように接続し，24Vの電源に接続した。

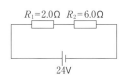

(1) 回路を流れる電流は何Aか。

答

(2) 電源が供給する電力は何Wか。

答

(3) 抵抗R_1で消費される電力は何Wか。

答

▶ **94 〈並列の合成抵抗〉** $R_1 = 2.0\,\Omega$, $R_2 = 6.0\,\Omega$ の抵抗を右図のように接続し，15Vの電源に接続した。

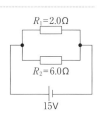

(1) 抵抗R_1を流れる電流は，抵抗R_2を流れる電流の何倍か。

答

(2) 抵抗R_1の消費電力は，抵抗R_2の消費電力の何倍か。

答

(3) 電源が供給する電力は何Wか。

答

▶ **95 〈直列・並列を組み合わせた合成抵抗〉** $R_1 = 2.0\,\Omega$, $R_2 = 6.0\,\Omega$, $R_3 = 4.0\,\Omega$ の3つの抵抗を右図のように接続し，両端に電圧が不明の電源を接続した。

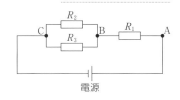

(1) 抵抗R_3の消費電力は抵抗R_2の消費電力の何倍か。

答

(2) 電源の電圧を調節し，抵抗R_2に2.0Aの電流を流した。抵抗R_3，R_1に流れる電流はそれぞれ何Aか。

答　R_3：　　　　　　R_1：

(3) (2)のとき，抵抗R_1の消費電力は何Wか。

答

❓▶96 〈実験のための配線〉抵抗 R を流れる電流 I と両端の電圧 V の関係を測定
するために下の器具を用いて右図のような回路をつくって実験したい。
この実験を行うための配線図を完成せよ。

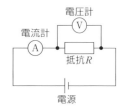

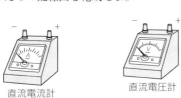

直流電流計　　　　直流電圧計

電源装置

抵抗 R

▶97 〈導線の断面を通過する電荷の量〉(2009　センター試験　改)

(1) 起電力20Vの電池に抵抗500Ωの抵抗器をつなぎ，20秒間だけ電流を流した。この間に電池が流
した電気量は電子何個分に相当するか。電子1個の電気量の絶対値は 1.6×10^{-19} C とする。

 (2) 充電された携帯電話用の電池は流すことのできる電気量が限られてい
る。図は充電した携帯電話用の電池にある抵抗器をつないだとき，抵抗
器に流れる電流の時間変化を表している。この電池を充電して携帯電話
に使う場合，通話時に流れる電流が100mAで一定であるとすると，最
大何時間の通話が可能か。

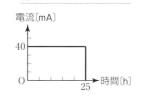

❓▶98 〈複雑な回路〉図のように20Ωと30Ωの抵抗を並列につなぎ，さら
に8.0Ωの抵抗を直列につなぐ。これらに電圧が不明の電源を接
続したところ，20Ωの抵抗には0.60Aの電流が流れた。

(1) C点を流れる電流は何Aか。

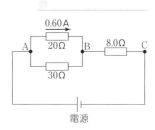

(2) AC間の合成抵抗は何Ωか。

(3) 電源の電圧は何Vか。

▶**99** 〈導体の形状と抵抗値，抵抗の合成〉（2006 センター試験 改）
　断面積 $6.0 \times 10^{-8}\,\mathrm{m}^2$ で長さ 18 m の導線の両端に 1.5 V の電圧をかけると 50 mA の電流が流れた。

(1) この導線を 3 等分して長さを 6 m にし，その 3 本を並列に接続する。この合成抵抗は何Ωか。

答

(2) 3 本の導線をまとめたものの両端に 1.5 V の電圧をかけた場合，流れる全電流はもとの何倍になるか。

答

(3) 下の表にはいくつかの物質の室温での抵抗率が示されている。上の測定で用いた導線の材料はそれらの物質のいずれかである。どの物質が使われているか。正しいものを，下の①〜⑥のうちから 1 つ選べ。ただし，導線の抵抗の温度変化は無視できるものとする。

物　質	抵抗率〔Ω·m〕	物　質	抵抗率〔Ω·m〕
銅	1.7×10^{-8}	金	2.3×10^{-8}
アルミニウム	2.8×10^{-8}	タングステン	5.5×10^{-8}
鉄	1.0×10^{-7}	ニクロム	1.1×10^{-6}

① 銅　　　② 金　　　③ アルミニウム　　　④ タングステン
⑤ 鉄　　　⑥ ニクロム

答

▶**100** 〈消費電力とジュール熱〉図のような実験装置を用意した。
　コップに入れた水の質量が 100 g，ニクロム線を流れる電流が 1.0 A，電源電圧が 14 V のとき，次の問いに答えよ。

(1) ニクロム線が消費する電力を求めよ。

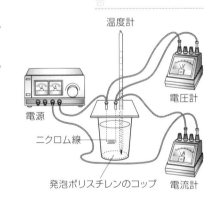

温度計
電圧計
電源
ニクロム線
発泡ポリスチレンのコップ
電流計

答

(2) 10 分間電流を流したとき，ニクロム線で発生するジュール熱を求めよ。

答

(3) 10 分間電流を流したとき，水温は何℃上昇するか。ただし，ニクロム線で発生したジュール熱はすべて水に与えられるものとする。また，水の比熱を $4.2\,\mathrm{J/(g \cdot K)}$ とする。

答

4章

電気

1 磁場（磁界）

磁力を伝えるはたらきをする空間。
磁石のまわりや電流のまわりにできる。
方位磁針のN極がさす向きを**磁場の向き**という。

2 磁力線

磁場の向きをつないだ線。
磁石のN極から出てS極に入る。

3 電流がつくる磁場（磁力線の接線方向が磁場）

❶ **直線電流がつくる磁場（磁力線）**

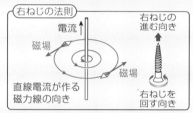

❷ **コイルがつくる磁場（磁力線）**

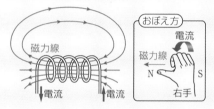

4 電磁誘導

コイルを貫く磁場の変化により，コイルに起電力が生じ，コイルをつないだ回路に電流（**誘導電流**）が流れる現象。

5 交流

・**直流電流**：一定の向きに流れる電流。
・**交流電流**：周期的に正と負に振動する電流。
・$V〔V〕-f〔Hz〕$ と表示された交流
❶ $V〔V〕$：交流の**実効値**という。
　→交流の最大値は実効値の約1.4倍になる。
❷ $f〔Hz〕$：交流の**周波数**という。1秒あたりに振動する回数を表す。

　→交流の**周期** $T = \dfrac{1}{f}$

6 変圧器（トランス）

下図のように N_1 回巻きの一次コイルに $V_1〔V〕$ の交流電圧を加えて，N_2 回巻きの二次コイルに $V_2〔V〕$ の交流電圧が現れるとき，

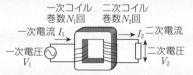

❶ $\boxed{V_1 : V_2 = N_1 : N_2}$ の関係が成り立つ。

❷ 導線での発熱等の電力損失を考えなければ，一次コイルでの入力電力 $P_1 = I_1 V_1$ と二次コイルでの出力電力 $P_2 = I_2 V_2$ は同じ値になる。

$$\boxed{I_1 V_1 = I_2 V_2}$$

※ 周波数 $f〔Hz〕$ は変化しない。

7 電力の輸送

同じ電力 $P = IV〔W〕$ を送電する際に，電気抵抗 $R〔Ω〕$ の送電線における電力損失 I^2R を小さくするには，送電線を太くして R を小さくするだけでなく，電圧 V を高くして電流 I を小さくする必要がある。

8 電磁波

導体に高周波数の交流が流れると，空間に電場と磁場の波が生じ，伝わっていく。これを**電磁波**という。

$\boxed{c = f\lambda}$　$c〔m/s〕$：電磁波の速さ
　　　　　$f〔Hz〕$：周波数，$\lambda〔m〕$：波長

ポイントチェック

[1] 導線ABに電流を流したところ，電流のまわりに右図のような磁力線が生じた。電流の向きはA→Bか，それともB→Aか。

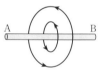

[2] コイルに電源をつないで電流を流したところ，右図のような磁力線が生じた。電源のA，Bいずれが正極か。

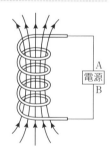

[3] 乾電池から流れる電流のように，＋極から−極へ一方向のみに流れる電流を ⁷（　　　　　）という。家庭用コンセントの電流のように，周期的に正負の変化が繰り返されている電流を ⁴（　　　　　）という。

EXERCISE

 34 ◆ 変圧器

一次コイルが150回巻き，二次コイルが50回巻きの変圧器があり，
一次コイルには90Vの交流電圧がかかっている。

(1) 二次コイルに現れる交流電圧は何Vか。

(2) 一次コイルの電流 I_1 が1.0Aのとき，二次コイルの電流 I_2 は何A
になるか。ただし，電力損失は無視できるものとする。

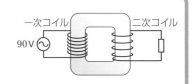

> **ここが**
> **ポイント**
> 一次コイルの電圧 V_1〔V〕，巻数 N_1〔回〕と，二次コイルの電圧 V_2〔V〕，巻数 N_2〔回〕
> との間には，「$V_1 : V_2 = N_1 : N_2$」という関係が成り立つ。
> 一次コイルでの入力電力と二次コイルでの出力電力は等しく，「$I_1 V_1 = I_2 V_2$」である。

◆解法◆

(1) 「$V_1 : V_2 = N_1 : N_2$」の関係が成り立つので

$$90 : V_2 = {}^{ア}(\quad) : {}^{イ}(\quad)$$
$$150 V_2 = 90 \times 50$$

よって，二次コイルの電圧 $V_2 = \dfrac{90 \times 50}{150} = 30$〔V〕

答 30V

(2) 「$I_1 V_1 = I_2 V_2$」より

$$I_2 = \dfrac{{}^{ウ}(\qquad)}{V_2} = \dfrac{1.0 \times 90}{30} = 3.0$$〔A〕

答 3.0A

▶ **101** 〈**電力損失**〉出力が 1.0×10^3 W の発電所がある。発電所から家庭までの送電線の抵抗は3.0Ωである。

(1) 発電所での電圧が 1.0×10^2 V のとき，送電線に流れる電流は何Aか。

答

(2) 発電所での電圧が 1.0×10^2 V のとき，発電所から家庭までの送電線での単位時間あたりのジュール熱
による損失は何Wか。

答

(3) 発電所で 1.0×10^4 V に変圧してから送電するとき，発電所から家庭までの送電線での単位時間あたり
のジュール熱による損失は何Wか。

答

> **4章**
> **電気**

24 エネルギーとその利用

1 さまざまな発電方法

水力発電，火力発電，原子力発電，太陽光発電，風力発電，地熱発電，潮汐発電，バイオマス発電などがある。

2 原子の構成

原子 — 原子核 — 陽子…正電荷をもつ
中性子…電気的に中性
電子…負電荷をもつ

原子番号…陽子の数。
質量数…陽子の数と中性子の数の和。

〈原子表示の例〉 ヘリウム原子の場合

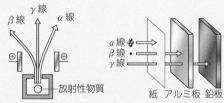

質量数＝陽子の数＋中性子の数
$^{4}_{2}\mathrm{He}$ 元素記号
原子核
原子番号＝陽子の数＝電子の数

原子番号は元素記号の左下，質量数は左上に書く。

同位体（アイソトープ）…原子番号が同じで質量数が異なる原子。

3 原子核の崩壊

放射性同位体（ラジオアイソトープ）…放射線を出して別の原子核に変わる同位体。

放射能…放射線を出す能力。
〈放射線の種類〉

放射線	実体	電荷	透過作用
α線	$^{4}_{2}\mathrm{He}$ 原子核	＋	小
β線	電子	－	中
γ線	電磁波	なし	大

〈放射線に関する単位〉
Bq（ベクレル）…放射性物質の放射能の強さの単位。1 Bqは1秒間に1個の割合で原子核が崩壊する放射能の強さ。
Gy（グレイ）…物質が放射線を受けるときに吸収するエネルギーの単位。1 Gyは，物質1 kgが1 Jのエネルギーを吸収することを表す。
Sv（シーベルト）…放射線が人体に及ぼす影響の大きさの単位。

核反応…原子核が他の原子核に変わる反応。
核分裂…重い原子核が分裂する。
核融合…軽い原子核どうしが融合する。
核エネルギー…核反応のときに放出されるエネルギー。

連鎖反応…核分裂が連続して起こること。
臨界状態…連鎖反応が継続して起こる状態。

4 エネルギーの変換

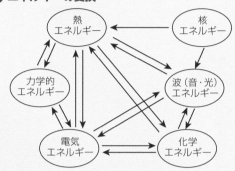

それぞれのエネルギーは移り変わる。

5 エネルギー保存の法則

どのような現象でも，その前後でエネルギーの総量は変わらない。

ポイントチェック

① $^{16}_{8}\mathrm{O}$ の陽子の数，中性子の数はいくらか。

　答 陽子：　　　　　中性子：

② 次の（　　）の中に適切な語句を入れよ。
(i) 放射線にはα線，ア（　　　　）， γ線がある。 α線はイ（　　　　）の原子核であり，透過力がウ（　　）く，紙でさえぎると透過しない。

(ii) 放射能の強さを表す単位の記号としてエ（　　　　）が用いられ，オ（　　　）と読む。 物質が放射線を受けるときに吸収するエネルギーを表す単位の記号としてカ（　　　　）が用いられ，キ（　　　）と読む。 放射線が人体に及ぼす影響の大きさを表す単位の記号としてク（　　　　）が用いられ，ケ（　　　　　）と読む。

(iii) 電気エネルギーを光のエネルギーに換えるものにはコ（　　　）がある。

EXERCISE

▶**102 〈放射線〉** 右図のA，B，Cはα線，β線，γ線のいずれかの進むようす
を示したものである。次の（　）の中に適切な語句を入れよ。

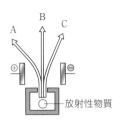

Aは（　ア　）線であるとわかる。なぜなら，（　ア　）線の実体は（　イ　）で
あり，（　ウ　）の電荷をもっており，（　エ　）極の方へ引きよせられる性質があ
るからである。

Bは（　オ　）線であるとわかる。なぜなら，（　オ　）線の実体は（　カ　）で
あり，電極の影響を受けずに直進する性質があるからである。

Cは（　キ　）線であるとわかる。なぜなら，（　キ　）線の実体は（　ク　）で
あり，（　ケ　）の電荷をもつので，（　コ　）極の方へ引きよせられる性質がある
からである。

答　ア．　　　　　　イ．　　　　　　ウ．　　　　　　エ．　　　　　　オ．

　　カ．　　　　　　キ．　　　　　　ク．　　　　　　ケ．　　　　　　コ．

▶**103 〈核分裂〉** 右の図は，連
続的にウラン235（質量数が
235という意味）の原子核が
中性子を吸収して核分裂を生
じ，2〜3個の中性子を放出
するようすを表している。次
の（　）の中に適切な数字
や語句を入れよ。

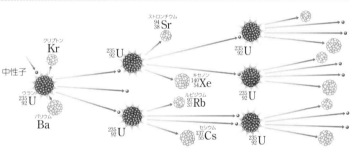

　まず，左端のウラン235に注目しよう。飛び込んできた1個の中性子を吸収してクリプトンとバリウム
の2つの原子核に核分裂し，中性子を（　ア　）個放出している。このとき，クリプトンとバリウムのそれ
ぞれの原子番号を足すと（　イ　）になり，またそれぞれの質量数を足すと（　ウ　）になる。

　飛び出した中性子は，別のウラン235に吸収されると新たな核分裂を引き起こす。このように，核分裂
が連続して起こることを（　エ　）という。また（　エ　）が連続して起こる状態を（　オ　）という。

答　ア．　　　　　　イ．　　　　　　ウ．　　　　　　エ．　　　　　　オ．

▶**104 〈原子力発電〉** 次の（　）の中に適切な語句を入れよ。

　原子力発電は，原子炉内で（　ア　）や（　イ　）を核分裂させ，そのエネルギーによって高温高圧の
（　ウ　）をつくりタービンを回して，電気エネルギーに変換している。そのため，発電時には地球温暖化
の原因といわれる（　エ　）をほとんど発生させない。その一方，使用済み核燃料や廃炉後の原子炉の材料
は強い（　オ　）をもっており，これらを長時間にわたって安全に管理することは難しく，課題も多い。

答　ア．　　　　　　イ．　　　　　　ウ．　　　　　　エ．　　　　　　オ．

略解（こたえ）

1 (1) 0.20 m/s (2) 3.0 m

2 (1) 略 (2) 略 (3) 略 (4) 略 (5) 略

3 a：200 Pa

b：240 Pa

c：400 Pa

4 (1) 1.2 N (2) 1.8 N

5 (1) 3000 J (2) 50 W

6 (1) 点A，点D (2) 点C (3) ②

7 ア：振幅，イ：振動数，ウ：短

8 (1) R_1 と R_2：20 Ω，R_3 と R_4：7.5 Ω

(2) R_2

9 (1) 4.0 Ω (2) 540 J

ポイントチェック

① 1.5 m/s

② ア：60，イ：3600，ウ：3.6

③ 40 m

④ 4.0 s

⑤ 自動車：＋20 m/s（20 m/s，東向き）

トラック：－30 m/s（30 m/s，西向き）

⑥ ＋2.2 m/s（2.2 m/s，右向き）

⑦ －2.4 m/s（2.4 m/s，左向き）

1. (1) 108 km/h (2) 25 m/s

2. (1) ＋700 m (2) －400 m

3. (1) 等速直線運動（等速度運動） (2) 48 m

(3) 略

ポイントチェック

① ＋3.0 m/s² （3.0 m/s²，右向き）

② －1.0 m/s² （1.0 m/s²，西向き）

③ ＋20 m/s （20 m/s，正の向き）

④ 5.5 m

⑤ (i) 0.40 m/s² (ii) 40 m

4. (1) 8.5 m/s，正の向き (2) 9.0 m

(3) 3.5 秒後

5. (1) 2.5 m/s²，初速度と逆向き (2) 8.0 s

ポイントチェック

① 9.8 m/s

② 4.9 m

③ 15 m/s

④ 39 m

⑤ 9.8 m/s

⑥ 39 m

6. (1) 2.0 s (2) 29 m/s

7. (1) 9.8 m/s (2) 39 m

(3) 1.0 秒後，5.0 秒後

8. (1) 2.0 秒 (2) 20 m (3) 4.0 秒

9. (1) 4.0 秒 (2) 78 m (3) 8.0 秒

(4) － 39 m/s （39 m/s，初速度と逆向き）

10. (1) 8.0 m/s (2) － 6.0 m/s (3) 7.0 s

11. (1) － 15 m/s （15 m/s，西向き）

(2) ＋ 15 m/s （15 m/s，東向き）

(3) ＋ 10 m/s （10 m/s，東向き）

12. (1) 2 m/s² (2) 9 m

13. (1) 略 (2) － 0.40 m/s² （0.40 m/s²，負の向き） (3) 20 m (4) 15 秒後 (5) ＋ 15 m

14. (1) 0 s～20 s：＋ 0.60 m/s²，20 s～50 s：0 m/s²，50 s～70 s：－ 0.60 m/s²

(2) 6.0×10^2 m

15. (1) 1.0 秒後 (2) 44 m

16. (1) 1.0 秒後 (2) 4.9 m (3) 4.0 秒後

(4) 29 m/s

17. 4.9 m/s

18. (1) 58.8 m

(2) A：19.6 m/s，下向き

B：19.6 m/s，上向き

(3) 6.00 秒後

19. $\sqrt{\dfrac{gh}{2}}$

ポイントチェック

① 9.8×10^2 N

② 5.0 kg

③ 2.5×10^2 N/m

④ 4.9 cm

⑤ (i) 物体が地球から受ける力

(ii) 物体がばねから受ける力

⑥ (i) 略 (ii) 略 (iii) 略 (iv) 略

20. (1) 物体Aがひも①から引かれる力

(2) 物体Aがひも②から引かれる力

(3) 物体Aが物体Bから押される力

(4) 床が物体Cから押される力

(5) ばね②が物体Aから引かれる力

(6) ばね②が物体Bから引かれる力

(7) クリップが糸から引かれる力

(8) 床が糸から引かれる力

5 力のつり合い　〈p.20〉

ポイントチェック

1 (i) 10N　（図略）　　(ii) 9.0N　（図略）

2 (i) $F_x = 8.0$N, $F_y = 9.0$N　（図略）

(ii) $F_x = -6.0$N, $F_y = 13$N　（図略）

3 $F_x = 5.0$N, $F_y = 8.5$N

4 (i) 10N　（図略）　　(ii) 7.0N　（図略）

5 (i) 物体が机から押される力（垂直抗力）と物体の重力（物体が地球から引かれる力）

(ii) 物体の重力（物体が地球から引かれる力）と物体がばねから引かれる力（弾性力）

21. $T_A = 3.5$N, $T_B = 3.5$N, $T_C = 6.0$N, $T_D = 6.0$N

6 作用反作用と力のつり合い　〈p.22〉

ポイントチェック

1 (i) 物体が床から押される力（垂直抗力）

(ii) ばねがおもりから引かれる力

(iii) 物体が地球から引かれる力（物体の重力）

(iv) 手が物体から押される力

2 (i) 略　　(ii) 略

3 つり合い：アとエ，ウとオ

作用反作用：アとイ，ウとエ

4 (i) $F_1 = W$：つり合い，$F_1 = F_2$：作用反作用

(ii) $T_3 = W$：つり合い，$T_3 = T_4$：作用反作用

$T_1 = T_2$：作用反作用，$T_1 = T_4$：つり合い

22. (1) 略　　(2) 18N　　(3) 30N

7 運動の三法則　〈p.24〉

ポイントチェック

1 (i) 慣性の法則（運動の第一法則）

(ii) 運動の法則（運動の第二法則）

(iii) 作用反作用の法則（運動の第三法則）

(iv) 作用反作用の法則（運動の第三法則）

(v) 運動の法則（運動の第二法則）

(vi) 慣性の法則（運動の第一法則）

2 (ii)

3 ⓐ：右向き，ⓑ：力なし，ⓒ：左向き

4 3.0倍

5 6.0倍

6 0.40m/s²

23. $a_{0.50} = 2.0$m/s², $a_{1.0} = 1.0$m/s²,

$a_{1.5} = 0.67$m/s², $a_{2.0} = 0.50$m/s²　（図略）

8 運動方程式の活用　〈p.26〉

ポイントチェック

1 (i) 略　　(ii) 略　　(iii) 略　　(iv) 略　　(v) 略

2 3.0m/s²，右向き

3 5.0m/s²，左向き

4 0.20m/s²，鉛直上向き

5 78N

24. (1) 98N（図略）　　(2) $20 \times a = 110 - 98$

(3) 0.60m/s²　　(4) 4.0s

25. (1) A：$4.0 \times 0.40 = 2.0 - f$，B：$m \times 0.40 = f$

(2) $f = 0.40$N，$m = 1.0$kg

26. (1) 略

(2) A：$1.2 \times a = 2.4 - T$

B：$0.80 \times a = T$

(3) 加速度：1.2m/s²，張力：0.96N

27. (1) 略

(2) A：$2.0 \times a = 60 - 2.0 \times 9.8 - T$

B：$3.0 \times a = T - 3.0 \times 9.8$

(3) 加速度：2.2m/s²，張力：36N

9 静止摩擦力と動摩擦力　〈p.30〉

ポイントチェック

1 (i) 略　　(ii) 略　　(iii) 略　　(iv) 略　　(v) 略

2 10N

3 (i) 15N　　(ii) 15N

4 3.9N

28. (1) 斜面に平行な方向：17N

斜面に垂直な方向：10N

(2) 3.0N

10 いろいろな力　〈p.32〉

ポイントチェック

1 (i) 2.0×10^2Pa　　(ii) 4.0×10^2Pa

2 3.0×10^4N

3 9.8×10^4Pa

4 2.9N

5 0.81kg

6 D，B，A，C

29. (1) 4.9N　　(2) 0.2N　　(3) 1.0×10^{-3}m³

節末問題②　〈p.34〉

30. (1) $T_A = 10$N　（図略）　　(2) $F = 10$N

31. (1) 略　　(2) $T_P = \dfrac{3}{5}W$，$T_Q = \dfrac{4}{5}W$

32. (1) 3倍　　(2) 1倍　　(3) 1倍　　(4) 2倍

(5) 1倍

33. 0.28m　（図略）

34. (1) $0.50 \times a = T - 0.50 \times 9.8$

(2) ⓐ：5.4N，ⓑ：4.9N，ⓒ：4.7N

35. (1) 69N　(2) 2.0m/s²

36. (1) 点A：①，点B：⑥　(2) ②

37. (1) 斜面に平行な方向：$\dfrac{1}{2}W$

斜面に垂直な方向：$\dfrac{\sqrt{3}}{2}W$

(2) 0.57

38. (1) 水平方向：8.0N，鉛直方向：6.0N

(2) 10N　(3) 8.0N　(4) 0.80

39. (1) $5.0 \times 0.60 = 7.9 - f'$　(2) 4.9N　(3) 0.10

40. (1) $P_0 + \rho g h$　(2) $F = \dfrac{Mg}{2}$

(3) $P_0 + \rho g h + \dfrac{Mg}{2S}$

41. (1) ⑤　(2) ③

42. (1) A：$0.60 \times a = 3.6 - T_1$

B：$0.50 \times a = T_1 - T_2$

C：$0.40 \times a = T_2$

(2) 2.4m/s²　(3) ①：2.2N，②：0.96N

43. (1) $4.0 \times a = T$

(2) $0.90 \times a = 0.90 \times 9.8 - T$

(3) 加速度：1.8m/s²，張力：7.2N

44. (1) A：$4.3 \times a = T - 4.3 \times 9.8$

B：$5.5 \times a = 5.5 \times 9.8 - T$

(2) 1.2m/s²　(3) 47N

45. (1) ②　(2) ⑤　(3) ①

11　仕事　〈p.42〉

ポイントチェック

① 1.2×10^2 J

② -60 J

③ 0 J

④ 1.0 m

⑤ 0.98 W

46. (1) 56J　(2) 0J　(3) 28N　(4) -56J

12　仕事とエネルギー　〈p.44〉

ポイントチェック

① 1.2×10^2 J

② 4倍

③ 37 J

④ 2.9×10^2 J

⑤ 0.10 J

47. (1) 9.8J　(2) 0J　(3) $E_A - E_B = W$

(4) 14m/s

48. (1) 0.10J　(2) 0.40J　(3) 0.30J

49. (1) 2.0N　(2) 0.10J

50. (1) 2.0×10^2N　(2) 98J　(3) 98J

(4) -98J

13　力学的エネルギー保存の法則　〈p.48〉

ポイントチェック

① $K = 15$J，$v = 14$m/s

② 1倍

③ $A\sqrt{\dfrac{k}{m}}$ 〔m/s〕

51. (1) 9.8m/s　(2) 14m/s　(3) 9.8m/s

52. (1) 2.8m/s　(2) 0.98N　(3) 2.0m

53. (1) 8.3N　(2) 6.7N　(3) $-6.7h$〔J〕

(4) $(2.0 + 4.9h)$〔J〕　(5) 0 J　(6) 1.1m

54. (1) $\dfrac{mg}{k}$〔m〕　(2) $A\sqrt{\dfrac{k}{m}}$〔m/s〕

節末問題 ③　〈p.52〉

55. (1) 垂直抗力：42N，仕事：0 J

(2) -8.3J　(3) 49J　(4) -49J

(5) 23J

56. (1) 0 J　(2) $\sqrt{gl}$〔m/s〕

(3) $\dfrac{l}{2}$〔m〕　(4) $\dfrac{l}{2}$〔m〕

57. (1) $l - v\sqrt{\dfrac{m}{k}}$　(2) $\dfrac{v^2}{2g}$

14　熱と温度，熱と仕事　〈p.54〉

ポイントチェック

① 0℃：273K，20℃：293K，100℃：373K

② 4.2×10^3 J

③ 8.4×10^2 J/K

④ 25℃

⑤ 0.40

58. 35℃，308K

59. 8.9℃

節末問題 ④　〈p.56〉

60. (1) 7.2×10^2 J/K　(2) 0.40J/(g·K)

61. (1) 1.0×10^2 g　(2) 2.1J/(g·K)

62. 22g

63. (1) 2.0×10^3 J　(2) 0.70℃

15　波とは何か　〈p.58〉

ポイントチェック

① 周期：0.40s，振動数：2.5Hz

② ア：0.20，イ：3.0，ウ：4.0，エ：12

③ 略

④ AとC

⑤ 略

64. (1) 0.20m/s　(2) 略

65. (1) D　　(2) B　　(3) A と C　　(4) 左

66. 略

67. (1) 0.10 m　　(2) 2.0 s　　(3) 略

16　重ね合わせの原理　　〈p.62〉

ポイントチェック

1　略

2　略

3　自由端：(イ)，固定端：(ウ)

68. 略

69. 略

70. (1) 略　　(2) 略　　(3) 略　　(4) 略

71. 略

節末問題 ⑤　　〈p.66〉

72. (1) 振幅：1.5 m，波長：8.0 m　　(2) 4.0 m/s
(3) 周期：2.0 s，振動数：0.50 Hz
(4) ↑

73. (1) 0.25 m/s　　(2) $x = 0.15$ m，0.35 m
(3) $x = 0.050$ m　　(4) 略

74. ③

75. (1) 略　　(2) 略　　(3) ① 0.60 m
② $x = 0$ m，0.40 m，0.80 m，1.2 m
③ $x = 0.20$ m，0.60 m，1.0 m

17　音波　　〈p.68〉

ポイントチェック

1　343.5 m/s

2　(ア)　B　　(イ)　B

3　350 m/s

4　31 ℃

5　2 回

76. 348 m

77. (1) 2.5 回　　(2) 442.5 Hz または 437.5 Hz
(3) 442.5 Hz

18　発音体の振動(弦の固有振動)　　〈p.70〉

ポイントチェック

1　4 倍振動

2　60 Hz

3　0.50 m

4　1.6×10^2 Hz

5　1.2 m

6　1.3×10^2 Hz

78. (1) 1.0 m　　(2) 6.0×10^2 Hz

79. (1) 略　　(2) 0.60 m　　(3) 1.3×10^2 m/s
(4) 3 倍音　　(5) 70 Hz

19　気柱の固有振動・共振と共鳴　　〈p.72〉

ポイントチェック

1　略

2　0.68 m

3　5.0×10^2 Hz

4　略

5　0.34 m

6　1.0×10^3 Hz

80. (1) 略　　(2) 0.80 m　　(3) 4.3×10^2 Hz

81. (1) 0.40 m　　(2) 8.5×10^2 Hz

82. (1) 略　　(2) 0.11 m　　(3) 3.0×10^3 Hz

83. (1) 0.60 m　　(2) 5.7×10^2 Hz

84. (1) 0.85 m　　(2) 4.0×10^2 Hz
(3) 1.0×10^2 Hz　　(4) 5.0×10^2 Hz

節末問題 ⑥　　〈p.76〉

85. (1) (E)　　(2) (D)

86. (1) 0.800 m　　(2) 280 Hz　　(3) 1.60 m

87. (1) 2 倍振動　　(2) 335 m/s　　(3) 250 Hz
(4) 750 Hz

88. (1) 352 m/s　　(2) ①

20　静電気，電流　　〈p.78〉

ポイントチェック

1　ア：A，イ：B，ウ：負に帯電する，エ：引力

2　オ：自由電子，カ：導体，キ：通さない，
クとケ：不導体，絶縁体（順不同）

3　コ：B → A，サ：A → B

4　1.8×10^2 C

5　0.40 A

89. (1) 正に帯電する
(2) 紙からストローへ移動した
(3) 3.0×10^7 個

21　電気抵抗　　〈p.80〉

ポイントチェック

1　4.5 V

2　ア：A → B，イ：0.60

3　ウ：直列，エ：4.0，オ：0.75

4　カ：並列，キ：1.2，ク：1.3

90. (1) 1.0 V　　(2) 5.0 V

22　抵抗率，ジュール熱　　〈p.82〉

ポイントチェック

1　5.0 Ω

2　3.6×10^4 J

3　15 A

4　2.0×10^2 W

5　5.4×10^3 J

$\boxed{6}$ 13Ω

$\boxed{7}$ 0.75kWh

91. (1) 10Ω　　(2) 3.6A　　(3) $\frac{1}{2}$ 倍　　(4) 2倍

92. (1) 3.5×10^2 W　　(2) 6.3×10^4 J　　(3) 30K
　　　 (4) 40℃

93. (1) 3.0A　　(2) 72W　　(3) 18W

94. (1) 3倍　　(2) 3倍　　(3) 1.5×10^2 W

95. (1) $\frac{3}{2}$ 倍　　(2) R_3：3.0A, R_1：5.0A
　　　 (3) 50W

節末問題 ⑦　　　　　　　　　　　　　　　〈p.86〉

96. 略

97. (1) 5.0×10^{18} 個分　　(2) 10時間

98. (1) 1.00A　　(2) 20Ω　　(3) 20V

99. (1) 3.3Ω　　(2) 9.0倍　　(3) ⑤

100. (1) 14W　　(2) 8.4×10^3 J　　(3) 20℃

23　電気の利用　　　　　　　　　　　　　〈p.88〉

ポイントチェック

$\boxed{1}$ B→A

$\boxed{2}$ A

$\boxed{3}$ ア：直流（電流），イ：交流（電流）

101. (1) 10A　　(2) 3.0×10^2 W　　(3) 3.0×10^{-2} W

24　エネルギーとその利用　　　　　　　　〈p.90〉

ポイントチェック

$\boxed{1}$ 陽子：8，中性子：8

$\boxed{2}$ (i) ア：β 線，イ：ヘリウム，ウ：小さ
　　　 (ii) エ：Bq，オ：ベクレル，カ：Gy，
　　　　　 キ：グレイ，ク：Sv，ケ：シーベルト
　　　 (iii) コ：蛍光灯，電灯など

102. ア：β，イ：電子，ウ：－，エ：＋，オ：γ，
　　　 カ：電磁波，キ：α，ク：Heの原子核，
　　　 ケ：＋，コ：－

103. ア：3，イ：92，ウ：233，エ：連鎖反応，
　　　 オ：臨界状態

104. ア，イ：ウラン，プルトニウム（順不同），
　　　 ウ：水蒸気，エ：二酸化炭素，オ：放射能

アクセスノート　物理基礎

表紙デザイン——難波邦夫
本文基本デザイン——エッジ・デザインオフィス

● 編　者——実教出版編修部

● 発行者——小田良次

● 印刷所——共同印刷株式会社

〒102-8377　東京都千代田区五番町5
● 発行所——実教出版株式会社　　電話〈営業〉（03）3238-7777
　　　　　　　　　　　　　　　　　　 〈編修〉（03）3238-7781
　　　　　　　　　　　　　　　　　　 〈総務〉（03）3238-7700
　　　　　　　　　　　　　　　　https://www.jikkyo.co.jp/

002502022　　　　　　　　　　　　　ISBN 978-4-407-36047-9

年　　　組　　　番　　名前

高校物理基礎サブノート
解答編

実教出版

1 中学校の復習 (p.2)

学習内容のまとめ

●物体の運動●

物体の速さ：物体の速さは次の式で求めることができる。

$$速さ = \frac{移動距離}{所要時間}$$

速さの単位には，m/s（メートル毎秒）やkm/h（キロメートル毎時）が用いられる。

●力●

力のはたらき：

- ・物体を変形させる
- ・物体の運動の状態を変化させる

力の大きさの単位はN（ニュートン）である。

合力：2つの力と同じはたらきをする1つの力を2力の合力という。

2力のつりあい：

- ・一直線上にある
- ・大きさが等しい
- ・向きが逆である

●仕事とエネルギー●

仕事：物体に力を加えてその力の向きに物体を動かしたとき，力は物体に仕事をしたという。単位はJ（ジュール）である。

仕事とエネルギー：物体が外部に対して仕事ができる場合，その物体はエネルギーをもつ。

力学的エネルギー：物体のもつ運動エネルギーと位置エネルギーの和を力学的エネルギーという。

●電流と電圧●

電流計：抵抗に流れる電流を測定する場合，電流計は抵抗に対して直列に接続する。

電圧計：抵抗に加わる電圧を測定する場合，電圧計は抵抗に対して並列に接続する。

オームの法則：抵抗 R〔Ω〕に流れる電流 I〔A〕と加わる電圧 V〔V〕の関係は，次の式で表される。

$$V = RI$$

抵抗の発熱：抵抗に電流を流すと発熱する。発熱量は，電流の大きさ，電圧の大きさ，時間に比例する。

●電流と磁場●

電流と磁場：電流のまわりには磁場（磁界）が生じる。

電磁誘導：コイルに磁石を近づけると，回路に電流が流れる。これを電磁誘導といい，流れる電流を誘導電流という。

直流と交流：向きと大きさが一定の電流を直流，向きと大きさがつねに変化する電流を交流という。

周波数：交流の1sあたりの振動の回数を周波数といい，単位はHz（ヘルツ）である。

✓ 重要事項マスター

1 (1) 1 **移動距離** ，2 **所要時間** ，3 **m/s** ，
　　4 **km/h** （3，4は順不同）
　(2) 5 **等速直線運動**

2 (1) 1 **変形** ，2 **運動** 　(2) 3 **N**
　(3) 4 **合力** 　(4) 5 **等しく** ，6 **逆**

3 (1) 1 **仕事** ，(2) 2 **J** ，
　(3) 3 **エネルギー** ，
　(4) 4 **運動** ，5 **位置** （4，5は順不同）

4 (1) 1 **電池（電源）** ，2 **抵抗**
　(2) 3 **直列** 　(3) 4 **並列**
　(4) 5 **RI** ，6 **オーム** 　(5) 7 **時間**

5 (1) 1 **磁場（磁界）**
　(2) 2 **電磁誘導** ，3 **誘導電流**
　(3) 4 **直流** ，5 **交流** 　(4) 6 **Hz**

6 1 **45** ，2 **2** ，3 **5**

2 運動の表し方 (p.4)

学習内容のまとめ

● **速さと等速直線運動** ●

$$速さ\ v\,[\mathrm{m/s}]=\frac{移動距離\ x\,[\mathrm{m}]}{時間\ t\,[\mathrm{s}]}$$

速さの単位：メートル毎秒（記号 m/s）

等速直線運動：一直線上を一定の速さで進む
　物体の運動。

● **等速直線運動の x-t グラフと v-t グラフ** ●

　x-t グラフは原点を通る直線となり，傾き
の大きさは速さを表す。

　v-t グラフは，時間軸に平行な直線となり，
囲む面積は移動距離を表す。

● **速度と変位** ●

速度：速さに運動の向きまで考慮した量。

変位：物体の位置の変化量。

　一直線上の運動の速度と変位の向きは，正
と負の符号で表す。ただし，正の符号は省
略されることが多い。

● **スカラーとベクトル** ●

スカラー：大きさだけをもつ量。たとえば，
　質量や速さなど。

ベクトル：大きさと向きをもつ量。たとえば，
　速度や変位など。

✔ **重要事項マスター**

1 (1) 1　速さ，2　移動距離，3　時間
　　　 4　メートル毎秒
　　(2) 5　等速直線運動

2 1　原点，2　傾き，3　速さ，
　　 4　平行，5　移動距離

3 (1) 1　速度，2　負　　(2) 3　変位
　　(3) 4　x，5　t

✎ **Exercise**

1 【速さと等速直線運動】

(1)時間 t で進む距離 x は，$x = vt$ で求められる。
20 分間で進む距離は，

$$\frac{72\ \mathrm{km}}{60\ 分} \times 20\ 分 = 24\ \mathrm{km} \qquad \textbf{24\ km}$$

(2) $1\ \mathrm{h} = 3600\ \mathrm{s}$，$1\ \mathrm{km} = 1000\ \mathrm{m}$ なので，

$$\frac{72000\ \mathrm{m}}{3600\ \mathrm{s}} = 20\ \mathrm{m/s} \qquad \textbf{20\ m/s}$$

(3)距離 x を進むのにかかる時間 t は，$t = \dfrac{x}{v}$で求め
られる。10 km 進むのに必要な時間は，

$$\frac{10000\ \mathrm{m}}{20\ \mathrm{m/s}} = 500\ \mathrm{s}$$

$$500\ 秒 = 8\ 分\ 20\ 秒 \qquad \textbf{500\ s，8\ 分\ 20\ 秒}$$

2 【x-t グラフと v-t グラフ】

(1) 4.0 s 間に 80 m 進むことから，

$$v = \frac{x}{t} = \frac{80\ \mathrm{m}}{4.0\ \mathrm{s}} = 20\ \mathrm{m/s} \qquad \textbf{20\ m/s}$$

(2)一直線上を一定の速さで進むときの v-t グラフ
は，横軸に平行な直線となる。

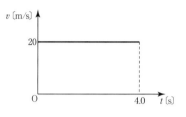

(3)問題の x-t グラフは傾きが一定なので，物体は
等速直線運動をしている。

　または，(2)の v-t グラフは t 軸に平行なので，
物体は等速直線運動をしている。

　　　　　　　　　　　　　　　　　等速直線運動

3 【速度と変位】

(1) $x = x_2 - x_1 = -720\ \mathrm{m} - (+1080\ \mathrm{m}) = -1800\ \mathrm{m}$
　　　　　　　　　　　　　　　　変位：$-1800\ \mathrm{m}$

$$20\ 分 = 20 \times 60\ \mathrm{s} = 1200\ \mathrm{s}$$

$$v = \frac{x}{t} = \frac{-1800\ \mathrm{m}}{1200\ \mathrm{s}} = -1.5\ \mathrm{m/s}$$

　　　　　　　　　　　　　　　速度：$-1.5\,\mathrm{m/s}$

(2)出発点の駅の座標は 0，終わりの自宅の座標は
$+1080\ \mathrm{m}$ であるから，変位 x は，

$$x = +1080\ \mathrm{m} - 0\ \mathrm{m} = +1080\ \mathrm{m}$$

　　　　　　　　　　　　　　　変位：$+1080\ \mathrm{m}$

この間の道のり（全体の移動距離）は，

$$720\ \mathrm{m} + 720\ \mathrm{m} + 1080\ \mathrm{m} = 2520\ \mathrm{m}$$

　　　　　　道のり（全体の移動距離）：2520 m

3 速度の合成と相対速度 (p.6)

学習内容のまとめ

● 速度の合成 ●

・船が川の流れに沿って川上へ，また川下へ進む場合，川下に進むときは，岸から見た船の速度 v は静水上の船の速度 v_1 と水の流れの速度 v_2 の大きさの和となり，川上に進むときは，大きさの差となる。

v を v_1 と v_2 の合成速度といい，

$v = v_1 + v_2$ と表せる。

● 相対速度 ●

・速度 v_A の観測者 A から見た速度 v_B の物体 B の速度を，A に対する B の相対速度 v_{AB} という。

$v_{AB} = v_B - v_A$ と表せる。

✓ 重要事項マスター

1 1 合成速度

2 (1) 1 相対速度 ，2 東 ，3 10 km/h

(2) 4 西 ，5 30 km/h

(3) 6 $v_B - v_A$

✐ Exercise

1 【速度の合成】

(1) $0.70\,\text{m/s} + 1.5\,\text{m/s} = 2.2\,\text{m/s}$ **2.2 m/s**

(2) 逆向きの速度はマイナス（負）なので $-1.0\,\text{m/s}$

$0.70\,\text{m/s} + (-1.0\,\text{m/s}) = -0.3\,\text{m/s}$

−0.3 m/s

2 【相対速度】

(1) 列車 A と B の関係は下図のようになる。

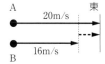

したがって，

$v_{BA} = v_A - v_B = 20\,\text{m/s} - 16\,\text{m/s} = 4\,\text{m/s}$

東向き，4 m/s

(2) 列車 A と B の関係は下図のようになる。

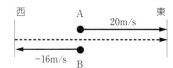

したがって，

$v_{BA} = v_A - v_B = 20\,\text{m/s} - (-16\,\text{m/s}) = 36\,\text{m/s}$

4 加速度 (p.8)

学習内容のまとめ

●**加速度**●

加速度：単位時間あたりの速度の変化量。時刻 $t = t_1$〔s〕，t_2〔s〕における物体の速度をそれぞれ $v = v_1$〔m/s〕，v_2〔m/s〕とすると，物体の加速度 a〔m/s^2〕は次の式で表される。

$$a = \frac{v_2 - v_1}{t_2 - t_1}$$

加速度の単位：メートル毎秒毎秒（記号 m/s^2）

●**加速度の正負**●

・加速度には，正の値の場合と負の値の場合がある。

正の向きに運動しているとき，

速さが増加する場合：$a > 0$

速さが減少する場合：$a < 0$

負の向きに運動しているとき，

速さが増加する場合：$a < 0$

速さが減少する場合：$a > 0$

✓ 重要事項マスター

1 (1) 1　**単位時間**　，2　**加速度**

(2) 3　$\boldsymbol{v_2 - v_1}$　，4　$\boldsymbol{t_2 - t_1}$

(3) 5　**m/s^2**　，6　**メートル毎秒毎秒**

2 (1) 1　**正**　，2　**正**　，3　**正**　，4　**正**　，

5　**負**

(2) 6　**負**　，7　**負**　，8　**負**　，

9　**負**　，10　**正**

✏ Exercise

1【加速度】

加速度の式より，

$$a = \frac{16.0\,\text{m/s} - 10.0\,\text{m/s}}{5.0\,\text{s} - 0\,\text{s}} = \frac{6.0}{5.0}\ \text{m/s}^2$$
$$= 1.2\,\text{m/s}^2$$

$$1.2\,\text{m/s}^2$$

※正の符号は省略されることが多い。

2【加速度の正負】

(1) $a = \dfrac{5.0\,\text{m/s} - 20\,\text{m/s}}{2.0\,\text{s} - 0\,\text{s}} = -\dfrac{15}{2.0}\ \text{m/s}^2$
$$= -7.5\,\text{m/s}^2$$

$$-7.5\,\text{m/s}^2$$

(2)① $a = \dfrac{10.0\,\text{m/s} - 4.0\,\text{m/s}}{2.0\,\text{s} - 0\,\text{s}} = 3.0\,\text{m/s}^2$

$$3.0\,\text{m/s}^2$$

② $a = \dfrac{(-2.0\,\text{m/s}) - 4.0\,\text{m/s}}{4.0\,\text{s} - 0\,\text{s}} = -\dfrac{6.0}{4.0}\ \text{m/s}^2$
$$= -1.5\,\text{m/s}^2$$

$$-1.5\,\text{m/s}^2$$

加速度の符号が負であるから，加速度の向きは，はじめの速度の向きと逆向きである。

3【加速度】

(1)

時刻〔s〕	0	1.0	2.0	3.0	4.0
A の速度〔m/s〕	0	4.0	8.0	12	16
B の速度〔m/s〕	8.0	11.0	14.0	17.0	20

(2) ある速度に達する時間は加速度の式を変形して，

$$t_2 - t_1 = \frac{v_2 - v_1}{a} \quad \text{で求められる。}$$

この式に A は

$t_1 = 0\,\text{s}$，$a = 4.0\,\text{m/s}^2$，$v_1 = 0\,\text{m/s}$，$v_2 = 30\,\text{m/s}$

B は

$t_1 = 0\,\text{s}$，$a = 3.0\,\text{m/s}^2$，$v_1 = 8.0\,\text{m/s}$，$v_2 = 30\,\text{m/s}$

を代入し，A，B それぞれの t_2 を求める。

A が 30 m/s に達する時刻 t_2〔s〕は，

$$t_2 = \frac{30\,\text{m/s} - 0\,\text{m/s}}{4.0\,\text{m/s}^2} = 7.5\,\text{s}$$

同様に，B が 30 m/s に達する時刻 t_2〔s〕は，

$$t_2 = \frac{30\,\text{m/s} - 8.0\,\text{m/s}}{3.0\,\text{m/s}^2} = 7.33\,\text{s}$$

となるので，B の方が先に速度 30 m/s に達する。

B

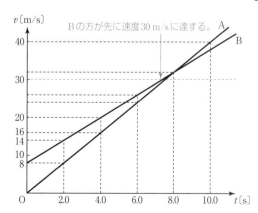

学習内容のまとめ

● 等加速度直線運動 ●

等加速度直線運動：一直線上を一定の加速度で運動している物体の運動。v-t グラフは一定の傾きの直線となる。

等加速度直線運動の速度：物体の初速度を v_0〔m/s〕，加速度を a〔m/s²〕，時刻を t〔s〕とすると，等加速度直線運動をしている物体の速度 v〔m/s〕は次の式で表される。

$$v = v_0 + at$$

等加速度直線運動の変位：等加速度直線運動を v-t グラフで表したとき，物体の変位の大きさはグラフの囲む面積で表される。物体の初速度を v_0〔m/s〕，加速度を a〔m/s²〕，時刻を t〔s〕とすると，等加速度直線運動をしている物体の変位 x〔m〕は次の式で表される。

$$x = v_0 t + \frac{1}{2} at^2$$

運動した時間 t がわからない場合には，物体の速度を v〔m/s〕として，次の式を用いる。

$$v^2 - v_0^2 = 2ax$$

✓ 重要事項マスター

1 (1) 1 $v_0 + at$ (2) 2   **右下がり**

2 (1) 1 $v_0 t + \frac{1}{2} at^2$

   (2) 2   **面積** ，3   **い** ，4   **あ**

3 1 $v^2 - v_0^2$

✐ Exercise

1 【速度の式】

(1) $v = v_0 + at = 3.0\,\text{m/s} + 0.40\,\text{m/s}^2 \times 2.0\,\text{s}$
    $= 3.8\,\text{m/s}$ **3.8 m/s**

(2) 速度の式より，速度 v に達する時刻 t は

$t = \dfrac{v - v_0}{a}$ となる。したがって，

$t = \dfrac{20\,\text{m/s} - 4.0\,\text{m/s}}{2.0\,\text{m/s}^2} = 8.0\,\text{s}$ **8.0 s 後**

(3) 速度の式を変形して，

$a = \dfrac{v - v_0}{t} = \dfrac{14.0\,\text{m/s} - 5.0\,\text{m/s}}{6.0\,\text{s}}$

   $= 1.5\,\text{m/s}^2$ **1.5 m/s²**

2 【変位の式】

(1) $v = v_0 + at = 4.0\,\text{m/s} + 0.80\,\text{m/s}^2 \times 5.0\,\text{s}$
    $= 8.0\,\text{m/s}$ **8.0 m/s**

(2) $x = v_0 t + \dfrac{1}{2} at^2$

    $= 4.0\,\text{m/s} \times 5.0\,\text{s} + \dfrac{1}{2} \times 0.80\,\text{m/s}^2 \times (5.0\,\text{s})^2$

    $= 20\,\text{m} + 10\,\text{m} = 30\,\text{m}$ **30 m**

(3) 時刻と変位の関係は，$x = v_0 t + \dfrac{1}{2} at^2$ に代入して，

$80\,\text{m} = 4.0\,\text{m/s} \times t + \dfrac{1}{2} \times 0.80\,\text{m/s}^2 \times t^2$

これを t について整理し，計算すると以下のようになる。（以下の途中式で単位は省略）

    $0.4t^2 + 4.0t - 80 = 0$

      $t^2 + 10t - 200 = 0$

    $(t - 10)(t + 20) = 0$ $t = 10\,\text{s}, -20\,\text{s}$

題意より，時刻は正であるから $t = 10\,\text{s}$ **10 s 後**

3 【変位と速度の関係】

$v^2 - v_0^2 = 2ax$ より，$v = \sqrt{2ax + v_0^2}$ であるから，

    $v = \sqrt{2 \times 2.0\,\text{m/s}^2 \times 5.0\,\text{m} + (4.0\,\text{m/s})^2}$

    $= \sqrt{20 + 16}\,\text{m/s} = \sqrt{36}\,\text{m/s} = \pm 6.0\,\text{m/s}$

題意より，速度は正であるから，$v = 6.0\,\text{m/s}$

        6.0 m/s

【別解】 $v^2 - v_0^2 = 2ax$ に代入して，

    $v^2 - (4.0\,\text{m/s})^2 = 2 \times 2.0\,\text{m/s}^2 \times 5.0\,\text{m}$

よって，$v^2 = 20(\text{m/s})^2 + 16(\text{m/s})^2 = 36(\text{m/s})^2$

    $v = \pm 6.0\,\text{m/s}$

題意より，速度は正であるから，$v = 6.0\,\text{m/s}$

        6.0 m/s

4 【v-t グラフ】

(1) 初速度は，グラフの $t = 0\,\text{s}$ の数値を読みとる。

        初速度：6.0 m/s

   加速度は $a = \dfrac{v_2 - v_1}{t_2 - t_1} = \dfrac{10.0\,\text{m/s} - 6.0\,\text{m/s}}{4.0\,\text{s} - 0}$

      $= 1.0\,\text{m/s}^2$ **加速度：1.0 m/s²**

(2) $x = v_0 t + \dfrac{1}{2} at^2$

    $= 6.0\,\text{m/s} \times 4.0\,\text{s} + \dfrac{1}{2} \times 1.0\,\text{m/s}^2 \times (4.0\,\text{s})^2$

    $= 24\,\text{m} + 8.0\,\text{m} = 32\,\text{m}$ **32 m**

【別解】(1)の加速度 a の式は，v-t グラフの傾きを求める式である。また，0 s ～ 4.0 s までの移動した距離は，v-t グラフの面積から求められる。

   台形の面積 ＝（上底＋下底）× 高さ × $\dfrac{1}{2}$

       $= (6.0\,\text{m/s} + 10.0\,\text{m/s}) \times 4.0\,\text{s} \times \dfrac{1}{2}$

       $= 32\,\text{m}$ **32 m**

6 自由落下運動 (p.12)

●自由落下運動●

重力加速度：空気の影響が無視できるとき，
　投げ出された物体に生じる加速度。大きさ
　を記号 g で表す。大きさは $9.8\,\text{m/s}^2$ で鉛直
　下向きである。

自由落下運動：重力だけがはたらき，初速度
　$0\,\text{m/s}$ で落下したときの物体の運動

・落下してから $t\,[\text{s}]$ 後の速度を $v\,[\text{m/s}]$，変
　位を $y\,[\text{m}]$ とすると，下向きを正として次
　の式で表される。

$$v = gt$$
$$y = \frac{1}{2}gt^2$$
$$v^2 = 2gy$$

✓重要事項マスター

1 1 増加 ， 2 減少

2 1 鉛直下 ， 2 等加速度直線 ，

　　3 重力加速度 ， 4 9.8

3 1 自由落下運動 ， 2 9.8 ，

　　3 重力加速度 ， 4 g ， 5 gt ，

　　6 $\frac{1}{2}gt^2$ ， 7 $2gy$

✐Exercise

1【自由落下運動】

(1)初速度 $0\,\text{m/s}$ の落下運動なので，自由落下運動。

自由落下運動

(2)$v = gt = 9.8\,\text{m/s}^2 \times 2.0\,\text{s} = 19.6\,\text{m/s}^{※}$

　$y = \frac{1}{2}gt^2 = \frac{1}{2} \times 9.8\,\text{m/s}^2 \times (2.0\,\text{s})^2$

　　$= 19.6\,\text{m}^{※}$　　**速度：20 m/s，変位：20 m**

(3)$v = gt = 9.8\,\text{m/s}^2 \times 4.0\,\text{s} = 39.2\,\text{m/s}^{※}$

　$y = \frac{1}{2}gt^2 = \frac{1}{2} \times 9.8\,\text{m/s}^2 \times (4.0\,\text{s})^2$

　　$= 78.4\,\text{m}^{※}$　　**速度：39 m/s，変位：78 m**

※問題文の有効数字の桁数より1桁多く計算し，最
　後に問題文の桁数にあわせて四捨五入する。
　$9.8\,\text{m/s}^2$，$2.0\,\text{s}$，$4.0\,\text{s}$ はそれぞれ有効数字が2
　桁なので，途中は3桁（たとえば $19.6\,\text{m/s}$）まで
　計算し，最後は2桁（たとえば $20\,\text{m/s}$）にする。
　今後の計算問題でも，同様に桁数に注意して計算
　する。

2【自由落下運動】

(1)$v = gt = 9.8\,\text{m/s}^2 \times 1.5\,\text{s} = 14.7\,\text{m/s}$

15 m/s

(2)$y = \frac{1}{2}gt^2$ から，

　　$t = \sqrt{\dfrac{2y}{g}} = \sqrt{\dfrac{2 \times 19.6\,\text{m}}{9.8\,\text{m/s}^2}}$

　　　$= \sqrt{4.0}\,\text{s} = \pm 2.0\,\text{s}$

　題意より，時刻は正であるから，$t = 2.0\,\text{s}$

2.0 s 後

(3)地面に達する直前は $2.0\,\text{s}$ 後だから，

　　$v = gt = 9.8\,\text{m/s}^2 \times 2.0\,\text{s} = 19.6\,\text{m/s}$

20 m/s

3【自由落下運動】

(1)$v = gt = 9.8\,\text{m/s}^2 \times 1.4\,\text{s}$

　　$= 13.7\,\text{m/s}$　　　　　　　　　**14 m/s**

(2)$y = \frac{1}{2}gt^2 = \frac{1}{2} \times 9.8\,\text{m/s}^2 \times (1.4\,\text{s})^2$

　　$= 9.60\,\text{m}$　　　　　　　　　　**9.6 m**

※有効数字2桁で答えるため，計算の際は3桁目ま
　で求めて（4桁目は切り捨て），四捨五入する。

学習内容のまとめ

●鉛直投げ下ろし運動●

・物体を鉛直下向きに投げ下ろしたときの運動。

・初速度を v_0 〔m/s〕，重力加速度の大きさを g 〔m/s^2〕とし，t〔s〕後の速度を v〔m/s〕，変位を y〔m〕とすると，鉛直下向きを正として，次の式で表される。

$$v = v_0 + gt$$
$$y = v_0 t + \frac{1}{2} g t^2$$
$$v^2 - v_0^2 = 2gy$$

●鉛直投げ上げ運動●

・物体を鉛直上向きに投げ上げたときの運動。

・初速度を v_0 〔m/s〕，重力加速度の大きさを g 〔m/s^2〕とし，t〔s〕後の速度 v〔m/s〕，変位を y〔m〕とすると，鉛直上向きを正として，次の式で表される。

$$v = v_0 - gt$$
$$y = v_0 t - \frac{1}{2} g t^2$$
$$v^2 - v_0^2 = -2gy$$

✓重要事項マスター

1 　1　等加速度直線　,

2　$v_0 + gt$　, 3　$v_0 t + \frac{1}{2} g t^2$　, 4　$2gy$

2 　1　鉛直下　, 2　$-g$　, 3　$v_0 - gt$　,

4　$v_0 t - \frac{1}{2} g t^2$　, 5　$-2gy$　, 6　0　,

7　$\dfrac{v_0}{g}$　, 8　$v_0\left(\dfrac{v_0}{g}\right) - \dfrac{1}{2} g \left(\dfrac{v_0}{g}\right)^2$　, 9　$\dfrac{v_0^2}{2g}$

✎Exercise

1【鉛直投げ下ろし運動】

(1) $v = v_0 + gt = 2.0\,\text{m/s} + 9.8\,\text{m/s}^2 \times 0.50\,\text{s}$
$\quad = 6.9\,\text{m/s}$

$y = v_0 t + \dfrac{1}{2} g t^2$

$\quad = 2.0\,\text{m/s} \times 0.50\,\text{s} + \dfrac{1}{2} \times 9.8\,\text{m/s}^2 \times (0.50\,\text{s})^2$

$\quad = 2.22\,\text{m}$

速度：6.9 m/s

変位：2.2 m

(2) 3.0 s で 49.5 m 落下したから，

$y = v_0 t + \dfrac{1}{2} g t^2$ より，

$49.5\,\text{m} = v_0 \times 3.0\,\text{s} + \dfrac{1}{2} \times 9.8\,\text{m/s}^2 \times (3.0\,\text{s})^2$

$3.0\,\text{s} \times v_0 = 49.5\,\text{m} - 44.1\,\text{m}$

よって，$v_0 = \dfrac{5.4\,\text{m}}{3.0\,\text{s}} = 1.8\,\text{m/s}$

1.8 m/s

2【鉛直投げ上げ運動】

(1) 速度を v〔m/s〕，高さを y〔m〕とすると，

$v = v_0 - gt = 29.4\,\text{m/s} - 9.8\,\text{m/s}^2 \times 2.0\,\text{s}$
$\quad = 9.8\,\text{m/s}$

$y = v_0 t - \dfrac{1}{2} g t^2$

$\quad = 29.4\,\text{m/s} \times 2.0\,\text{s} - \dfrac{1}{2} \times 9.8\,\text{m/s}^2 \times (2.0\,\text{s})^2$

$\quad = 58.8\,\text{m} - 19.6\,\text{m} = 39.2\,\text{m}$

速度：9.8 m/s，高さ：39 m

(2) 速度を v〔m/s〕，高さを y〔m〕とすると，

$v = 29.4\,\text{m/s} - 9.8\,\text{m/s}^2 \times 5.0\,\text{s} = -19.6\,\text{m/s}$

$y = 29.4\,\text{m/s} \times 5.0\,\text{s} - \dfrac{1}{2} \times 9.8\,\text{m/s}^2 \times (5.0\,\text{s})^2$

$\quad = 147\,\text{m} - 122\,\text{m} = 25\,\text{m}$

速度：−20 m/s，高さ：25 m

※有効数字 2 桁で答えるため，計算は 3 桁目まで求める（4 桁目は切り捨て）。

(3) 最高点に達したときは，速度 0 m/s　　　0 m/s

(4) 最高点に達する時刻 t〔s〕は，

$t = \dfrac{v_0}{g} = \dfrac{29.4\,\text{m/s}}{9.8\,\text{m/s}^2} = 3.0\,\text{s}$

このときの高さ y〔m〕は，

$y = v_0 t - \dfrac{1}{2} g t^2$

$\quad = 29.4\,\text{m/s} \times 3.0\,\text{s} - \dfrac{1}{2} \times 9.8\,\text{m/s}^2 \times (3.0\,\text{s})^2$

$\quad = 88.2\,\text{m} - 44.1\,\text{m} = 44.1\,\text{m}$

時刻：3.0 s，高さ：44 m

(5) 最高点に達したあとは，最高点に達するまでと同じ時間をかけて落下してくるので，

$3.0\,\text{s} \times 2 = 6.0\,\text{s}$　　　6.0 s

8 力 (p.16)

学習内容のまとめ

●力のはたらき●

力：物体を変形させたり，物体の運動の状態を変えたりするはたらきをもつ。

●力の三要素●

・力の向き

・力の大きさ

・作用点(物体が力を受ける点)

力の単位：N(ニュートン)を用いる。

●いろいろな力●

重力，摩擦力，磁気力，電気力など，さまざまな力がある。

重力：物体が地球に向かって引かれる力

張力：物体が糸から引かれる力

垂直抗力：物体が面から押される力

●フックの法則●

弾性力：もとに戻ろうとするばねから物体が受ける力

フックの法則：ばねの弾性力の大きさ F〔N〕は，伸び(または縮み)x〔m〕に比例する。比例定数(ばね定数)を k〔N/m〕とすると，次の式で表される。

$$F = kx$$

✓重要事項マスター

1 1 変形 ， 2 運動の状態

2 (1) 1 大きさ ， 2 作用点 ，

3 力の三要素

(2) 4 N ， 5 ベクトル(量) ，

6 作用線

3 (1) 1 重力 ， 2 下 ， 3 9.8 N

(2) 4 張力 (3) 5 垂直抗力

4 1 弾性力 ， 2 比例 ，

3 フックの法則 ， 4 kx

1 【力の表し方】

(1)　　　　　　　　　　(2)

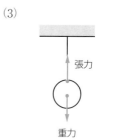

(3)　　　　　　　　　　(4)

(5)　　　　　　　　　　(6)

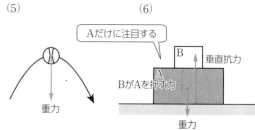

2 【フックの法則】

(1) $F = kx = 7.0\,\text{N/m} \times 0.40\,\text{m} = 2.8\,\text{N}$　　**2.8 N**

(2) ばね定数 k は $F = kx$ から $k = \dfrac{F}{x}$ で求められる。

$20\,\text{cm} = 0.20\,\text{m}$ だから，

$k = \dfrac{5.0\,\text{N}}{0.20\,\text{m}} = 25\,\text{N/m}$　　**25 N/m**

9 力の合成・分解，力のつりあい　(p.18)

学習内容のまとめ

●力の合成と分解●

力の合成：2力 $\vec{F_1}$，$\vec{F_2}$ は，これと同じはたらきをする1つの力 $\vec{F}$ に置き換えることができる。置き換えた $\vec{F}$ を合力という。

力の分解：1つの力 $\vec{F}$ は，これと同じはたらきをする2力 $\vec{F_1}$，$\vec{F_2}$ に分けることができる。分解された2力 $\vec{F_1}$，$\vec{F_2}$ を分力という。

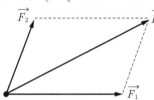

x成分・y成分：物体にはたらく力を，互いに直交する x 軸，y 軸方向の分力に分けて，それぞれの大きさに正負の符号をつけたもの。

●力のつりあい●

つりあっている：物体にはたらく力の合力が0である場合のこと。

2力のつりあいの条件：(1)同一直線上にある　(2)逆向き　(3)大きさが等しい

3力のつりあいの条件：任意の2力の合力と残る力とが2力のつりあいの条件を満たす。

✓ 重要事項マスター

1 (1) 1 合力 ，2 力の合成
　　(2) 3 平行四辺形 ，4 大きさ ，
　　　 5 方向

2 (1) 1 力の分解 ，2 分力
　　(2) 3 x成分 ，4 y成分

3 (1) 1 つりあっている ，2 0
　　(2) 3 直線上 ，4 逆向き(反対) ，
　　　 5 等しい(同じである)
　　(3) 6 つりあっている

✐ Exercise

1 【力の合成】

(1)

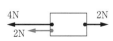

(2)

2N ＋ 3N ＝ **5N**　　　4N － 2N ＝ **2N**

(3)

上右図の直角二等辺三角形の斜辺にあたるので，辺の比の関係から，

$\sqrt{2} \times 3.0\,\mathrm{N} = 1.4 \times 3.0\,\mathrm{N} =$ **4.2 N**

2 【力の分解】

(1)　　　　　　　　　　(2)

(3)

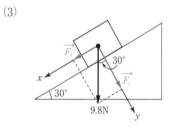

3 【力のつりあい】

(1)　　　　　(2)　　　　　(3)

学習内容のまとめ

●作用反作用の法則●

作用反作用の法則：AがBに及ぼす力があれば，必ずBがAに及ぼす力がある。この2力について，一方を作用といい，他方を反作用という。

作用と反作用は，同一直線上にあり，互いに逆向きで大きさは等しい。

●2力のつりあいと作用反作用●

共通点：どちらも同一直線上にあり，向きが逆で大きさは等しい。

相違点：つりあいは同じ物体にはたらく力。作用反作用はそれぞれ別の物体にはたらく力。

✓ **重要事項マスター**

1 (1) 1 同じ(等しい) ， 2 逆(反対) ，

3 反作用

(2) 4 同一 ， 5 等しい(同じである) ，

6 作用反作用の法則

2 1 同一(同じ) ， 2 逆(反対) ，

3 等しい(同じである) ，

4 同じ(1つの) ， 5 別々の(2つの) ，

6 W ， 7 R' ， 8 W ， 9 R

(8，9は順不同)

✎ **Exercise**

1 【作用反作用の法則】

(1) 机がりんごを押す力(りんごが机から受ける力)

(2) 物体が糸を引く力(糸が物体から受ける力)

(3) ボールが地球を引く力(地球がボールから受ける力)

(4) スチール黒板が磁石を引く力(磁石がスチール黒板から受ける力)

2 【2力のつりあいと作用反作用】

(1)

物体Aは静止している。よって，物体Aにはたらく重力と「物体Bが物体Aを押す力」がつりあっている。つまり，物体Aにはたらく重力の大きさ4.0Nと「物体Bが物体Aを押す力」の大きさは等しく，4.0Nである。

また，作用反作用の法則から，「物体Bが物体Aを押す力」と「物体Aが物体Bを押す力」の大きさは等しいから，「物体Aが物体Bを押す力」の大きさは4.0Nである。

物体Bも静止しているので，Bにはたらく力もつりあっている。Bが床から受ける垂直抗力の大きさをN〔N〕とすると，

垂直抗力 ＝ AがBを押す力 ＋ Bの重力

$N = 4.0\,\mathrm{N} + 5.0\,\mathrm{N}$

$= 9.0\,\mathrm{N}$ **9.0N**

(2)物体は静止しているから，はたらく力の合力の大きさは0となる。物体が床から受ける力(垂直抗力)をN〔N〕とすると，

垂直抗力 ＋ 張力 ＝ 重力

$N + 4.0\,\mathrm{N} = 9.0\,\mathrm{N}$

よって，$N = 5.0\,\mathrm{N}$ **5.0N**

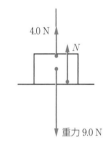

11 慣性の法則, 運動の法則　(p.22)

学習内容のまとめ

●慣性●

物体が運動の状態を保とうとする性質。

慣性の法則(運動の第一法則):物体が外力を受けない,あるいは物体にはたらく合力の大きさが0の場合,静止している物体は静止を続け,運動している物体は等速直線運動を続ける。

●力と加速度●

質量 m 〔kg〕が一定のとき,物体に生じる加速度 a 〔m/s²〕は,その物体が受ける力 F 〔N〕に比例する。

●質量と加速度●

受ける力 F 〔N〕が一定のとき,物体に生じる加速度 a 〔m/s²〕は,その質量 m 〔kg〕に反比例する。

●運動の法則●

運動の法則(運動の第二法則):力を受けた物体には,力の大きさに比例し,質量に反比例する大きさの加速度が力の向きに生じる。

✓ 重要事項マスター

1 1 保とう , 2 慣性

2 1 0 , 2 静止
3 等速直線運動 , 4 慣性の法則

3 (1)1 等加速度直線運動 , (2)2 2 ,
(3)3 比例

4 (1)1 $\dfrac{1}{2}$, (2)2 反比例

5 1 加速度 , 2 比例 , 3 反比例 ,
4 運動の法則

✐ Exercise

1 【慣性の法則】

(1)つり下げられた照明器具には,重力とひもの張力がはたらいており,静止している。　　②, (a)

(2)ストーンには,重力と垂直抗力がはたらいているが,つりあっている。また,摩擦は無視できるため,ストーンは加速度をもたず,等速直線運動を続ける。

②, (b)

---

2 【運動の法則】

(1)v-t グラフの直線の傾きが加速度を表すので,(ア)の加速度は,グラフの傾きから,

$$a = \frac{0.30\,\text{m/s} - 0.10\,\text{m/s}}{0.60\,\text{s} - 0.10\,\text{s}} = 0.40\,\text{m/s}^2$$

となる。　　　　　　　　　　　　　**0.40 m/s²**

(2)(イ)の加速度は,グラフの傾きから,

$$a = \frac{0.50\,\text{m/s} - 0.20\,\text{m/s}}{0.60\,\text{s} - 0.10\,\text{s}} = 0.60\,\text{m/s}^2$$

となる。

$\dfrac{0.60\,\text{m/s}^2}{0.40\,\text{m/s}^2}$ より,(イ)の加速度は(ア)の 1.5 倍の大きさである。台車の質量は変わらないので,運動の法則より,力の大きさ F' は 1.5 倍である。

1.5 倍

(3) (2)より(イ)は(ア)の 1.5 倍の大きさの力で引いている。運動の法則より,力を 1.5 倍にしても加速度が同じになるには,質量も 1.5 倍になっていなければいけない。

台車の質量(1.0 kg)+おもりの質量= 1.5 × 1.0 kg

よって,

おもりの質量= 1.5 kg − 1.0 kg = 0.5 kg

0.5 kg

※加減算では,有効数字の桁数は関係がなく,値の最下位が最も大きいものに位を合わせる。1.5 kg と 1.0 kg はどちらも小数第一位なので,小数第一位まで答える。

学習内容のまとめ

●力の単位●

質量 $1\,\mathrm{kg}$ の物体に $1\,\mathrm{m/s^2}$ の加速度を生じさせる力を $1\,\mathrm{N}$(ニュートン)と定義する。

$$1\,\mathrm{N} = 1\,\mathrm{kg \cdot m/s^2}$$

●運動方程式●

運動の第二法則を，物体が受ける力で整理したもの。

$$ma = F$$

m：物体の質量〔kg〕
a：加速度〔$\mathrm{m/s^2}$〕，
F：物体が受ける合力〔N〕

●重力●

物体の質量を m〔kg〕，重力加速度の大きさを g〔$\mathrm{m/s^2}$〕とすると，物体にはたらく重力の大きさ W〔N〕は次の式で表される。

$$W = mg$$

✓ 重要事項マスター

1 1 ma ， 2 運動方程式

2 (1) 1 加速度 ， 2 重力加速度 ，

　　 3 $9.8\,\mathrm{m/s^2}$

　(2) 4 mg

　(3) 5 重力の大きさ ， 6 同じ(一定)

3 1 重力の大きさ ， 2 ニュートン(N) ，

　　 3 キログラム(kg)

✎ Exercise

1 【運動方程式】

台車に生じる加速度は，運動方程式 $ma = F$ より，

$$a = \frac{F}{m} = \frac{3.0\,\mathrm{N}}{1.5\,\mathrm{kg}} = 2.0\,\mathrm{m/s^2}$$

加速度：力の向きに $2.0\,\mathrm{m/s^2}$

2 【重力】

(1)物体 A にはたらく重力の大きさは，

$$1.0\,\mathrm{kg} \times 9.8\,\mathrm{m/s^2} = 9.8\,\mathrm{N}$$

物体 B にはたらく重力の大きさは，

$$3.0\,\mathrm{kg} \times 9.8\,\mathrm{m/s^2} = 29.4\,\mathrm{N}$$

物体 A：$9.8\,\mathrm{N}$, 物体 B：$29\,\mathrm{N}$

(2)落下の加速度は質量によらず一定なので，どれも同じ時間，同じ速さで地面につく。　**どれも同じ**

(3)投げ上げられた物体には重力しかはたらかない。よって，加速度は鉛直下向きに $9.8\,\mathrm{m/s^2}$

鉛直下向き，大きさ $9.8\,\mathrm{m/s^2}$

(4)求める重力加速度の大きさを g'〔$\mathrm{m/s^2}$〕とおくと，$W' = mg'$ より，

$$g' = \frac{W'}{m} = \frac{17.4\,\mathrm{N}}{3.0\,\mathrm{kg}} = 5.8\,\mathrm{m/s^2}$$

$5.8\,\mathrm{m/s^2}$

学習内容のまとめ

●摩擦力●

静止摩擦力：あらい面上の物体に力を加えたときに，物体が動きだす直前まではたらく摩擦力。静止摩擦力の最大値を最大摩擦力という。静止摩擦係数を μ_0，垂直抗力の大きさを N〔N〕とすると，最大摩擦力の大きさ F_0〔N〕は次の式で表される。

$$F_0 = \mu_0 N$$

動摩擦力：あらい面上を動いている物体が受ける摩擦力。動摩擦係数を μ'，垂直抗力の大きさを N〔N〕とすると，動摩擦力の大きさ F'〔N〕は次の式で表される。

$$F' = \mu' N$$

●圧力●

圧力：単位面積あたりの面を垂直に押す力。F〔N〕の力が S〔m²〕の面を垂直に押すとき，圧力 p〔Pa〕は次の式で表される。

$$p = \frac{F}{S}$$

大気圧：大気から受ける圧力。1気圧は1013hPa である。

水圧：静止した水から受ける圧力。大気圧を p_0〔Pa〕，水の密度を ρ〔kg/m³〕，重力加速度の大きさを g〔m/s²〕とすると，深さ h〔m〕での水圧 p〔Pa〕は次式で表される。

$$p = p_0 + \rho h g$$

浮力：液体中の物体が受ける上向きの力。液体中の物体の体積を V〔m³〕，液体の密度を ρ〔kg/m³〕，重力加速度の大きさを g〔m/s²〕とすると，浮力の大きさ F〔N〕は次式で表される。

$$F = \rho V g$$

アルキメデスの原理：水中の物体が受ける浮力の大きさは，その物体が押しのけた体積の水が受ける重力の大きさに等しい。

✓ 重要事項マスター

1 (1) 1 **静止摩擦力** ， 2 **最大摩擦力** ，

　　　3 **静止摩擦係数** ， 4 **$\mu_0 N$**

　　(2) 5 **動摩擦力** ， 6 **動摩擦係数** ，

　　　7 **$\mu' N$**

2 (1) 1 **単位面積** ， 2 **圧力** ， 3 **$\dfrac{F}{S}$** ，

　　　4 **Pa** ， 5 **1.013**

　　(2) 6 **大きく** ， 7 **同じ(等しい)**

3 1 **押しのけた(水中にある部分の)** ，

　　2 **アルキメデスの原理** ，

　　3 **$\rho V g$**

✎ Exercise

1 【摩擦力】

(1)動かないから，合力 = 0　よって，このときの静止摩擦力は 20 N　　　　　　　　**20 N**

(2)最大摩擦力 F_0 は，$F_0 = \mu_0 N$ で求められ，N は重力と等しいから，

$$F_0 = \mu_0 N = \mu_0 mg = 0.50 \times 10\,\text{kg} \times 9.8\,\text{m/s}^2$$
$$= 49\,\text{N} \qquad\qquad \textbf{49 N}$$

(3)6.0kg の物体をのせたときの最大摩擦力 F_0 は，

$$F_0 = \mu_0 N' = \mu_0 m'g$$
$$= 0.50 \times (10\,\text{kg} + 6.0\,\text{kg}) \times 9.8\,\text{m/s}^2$$
$$= 78.4\,\text{N} \qquad\qquad \textbf{78 N}$$

2 【圧力】

それぞれの面の面積は以下のようになる。

A：40 cm × 10 cm = 400 cm²

B：25 cm × 10 cm = 250 cm²

C：40 cm × 25 cm = 1000 cm²(= 0.10 m²)

面積が小さいほど圧力は大きくなるので，最も面積の小さい面 B の圧力が最大になる。

面 B

面 C を下にしたときの圧力は，

$$p = \frac{F}{S} = \frac{2.0\,\text{kg} \times 9.8\,\text{m/s}^2}{0.10\,\text{m}^2} = 196\,\text{Pa}$$

2.0×10^2 Pa

3 【浮力】

(1)浮力 $F = \rho V g$

$$= (1.0 \times 10^3\,\text{kg/m}^3) \times (5.0 \times 10^{-4}\,\text{m}^3)$$
$$\times 9.8\,\text{m/s}^2$$
$$= 4.9\,\text{N} \qquad\qquad \textbf{4.9 N}$$

(2)物体は水中で静止しているので，物体にはたらく重力(鉛直下向き，大きさ mg)と，浮力(鉛直上向き，大きさ F)と糸の張力(鉛直上向き，大きさ T)はつりあっている。そのため，糸の張力の大きさ T は，物体にはたらく重力と浮力の差を求めればよい。

$$T = mg - F$$
$$= 1.0\,\text{kg} \times 9.8\,\text{m/s}^2 - 4.9\,\text{N}$$
$$= 4.9\,\text{N} \qquad\qquad \textbf{4.9 N}$$

学習内容のまとめ

●2つの力を受ける場合●

物体にはたらく合力を見つけ、運動方向の運動方程式を立てる。

質量 m [kg] の物体を鉛直上向きに張力 T [N] で引くとき、鉛直上向きを正、生じる加速度を a [m/s^2] とすると、運動方程式は、

$$ma = T - mg$$

斜面上の運動：重力・垂直抗力・動摩擦力がはたらくが、力の作用線が同一直線上にない。そこで、重力を「斜面の方向」と「斜面に垂直な方向」に分解して考える。

✓ 重要事項マスター

1 1 $T - mg$ 、

2 $ma = T - mg$ 、

3 $\dfrac{T - mg}{m}$ （または $\dfrac{T}{m} - g$）

2 1 $\dfrac{1}{2}mg$ 、2 $\dfrac{\sqrt{3}}{2}mg$ 、3 $\dfrac{1}{2}mg$ 、

4 $\dfrac{1}{2}g$

✎ Exercise

1【運動方程式】

(1)逆向きの力がはたらいているので、合力は2力の大きさの差になる。2力が逆向きなので、大きい力の向きの右向きを正とすると、運動方程式は、

$$10\,\text{kg} \times a = 8.0\,\text{N} - 3.0\,\text{N}$$

$10\,\text{kg} \times a = 5.0\,\text{N}$

(2)(1)から、

$$a = \frac{5.0\,\text{N}}{10\,\text{kg}} = 0.50\,\text{m/s}^2$$ **右向きに $0.50\,\text{m/s}^2$**

※問題文の数値はいずれも有効数字2桁なので、解答も2桁で答える。$0.50\,\text{m/s}^2$ は、はじめの0は有効数字の桁数には数えないため、有効数字2桁である。

2【2つの力を受ける1物体の運動方程式】

張力の大きさを T [N] とする。鉛直上向きを正とすると、運動方程式は $ma = T - mg$ となる。

(1)上の運動方程式を変形して、

$$T = ma + mg = m(a + g)$$
$$= 5.0\,\text{kg} \times (2.0\,\text{m/s}^2 + 9.8\,\text{m/s}^2)$$
$$= 59\,\text{N}$$ **59 N**

(2)物体を鉛直下向きに運動させているので、加速度 $a = -1.6\,\text{m/s}^2$ となる。

$$T = m(a + g)$$
$$= 5.0\,\text{kg} \times (-1.6\,\text{m/s}^2 + 9.8\,\text{m/s}^2)$$
$$= 41\,\text{N}$$ **41 N**

(3)等速度で運動しているとき、物体の加速度 $a = 0\,\text{m/s}^2$ である。よって、運動方程式から、

$$T = mg = 5.0\,\text{kg} \times 9.8\,\text{m/s}^2 = 49\,\text{N}$$ **49 N**

3【斜面上の物体の運動】

(1) $W = mg = 10\,\text{kg} \times 9.8\,\text{m/s}^2 = 98\,\text{N}$

98 N

(2)重力の斜面方向の分力の大きさは、

$$W \times \frac{1}{2} = 98\,\text{N} \times \frac{1}{2} = 49\,\text{N}$$

斜面方向の分力の大きさ：49 N

重力の斜面に垂直な方向の分力の大きさは、

$$W \times \frac{\sqrt{3}}{2} = 98\,\text{N} \times \frac{1.7}{2} = 83.3\,\text{N}$$

斜面に垂直な方向の分力の大きさ：83 N

(3)斜面方向の運動方程式は $ma = \dfrac{W}{2}$。(1)より

運動方程式：$10\,\text{kg} \times a = 49\,\text{N}$

これを解いて $a = 4.9\,\text{m/s}^2$

加速度の大きさ：$4.9\,\text{m/s}^2$

学習内容のまとめ

● 複数の物体が動く場合 ●

　複数の物体がいっしょに動くときはともに等しい加速度で運動するので、複数の物体を合体した1物体とみなしてよい。

● おもりに引かれる面上の台車の運動 ●

　運動中も加速度と張力の大きさは変わらない。台車とおもりのそれぞれについて運動方程式を立てる。

$$Ma = T \qquad ma = mg - T$$

M：台車の質量〔kg〕，m：おもりの質量〔kg〕，
a：加速度〔m/s^2〕，T：張力〔N〕，
g：重力加速度の大きさ〔m/s^2〕

✓ 重要事項マスター

1 　1　$2.0\,\mathrm{kg} \times a = 15\,\mathrm{N} - f$ ，

　2　$3.0\,\mathrm{kg} \times a = f$ ，

　3　$3.0\,\mathrm{m/s^2}$ ，4　$9.0\,\mathrm{N}$ ，5　$5.0\,\mathrm{kg}$ ，

　6　$5.0\,\mathrm{kg} \times a = 15\,\mathrm{N}$ ，7　$3.0\,\mathrm{m/s^2}$

✎ Exercise

1 【糸でつながれた2物体の運動方程式】

(1) AとBは一体となって，同じ加速度で運動する。右向きを正とし，加速度を a〔m/s^2〕とすると，

$$(2.0\,\mathrm{kg} + 3.0\,\mathrm{kg}) \times a = 10\,\mathrm{N}$$
$$a = 2.0\,\mathrm{m/s^2}$$

$$2.0\,\mathrm{m/s^2}$$

(2) 台車Aは糸の張力で $2.0\,\mathrm{m/s^2}$ の加速度が生じたのだから，張力の大きさを T〔N〕とすると，

$$2.0\,\mathrm{kg} \times 2.0\,\mathrm{m/s^2} = T$$

　よって，$T = 4.0\,\mathrm{N}$　　　　　$4.0\,\mathrm{N}$

【別解】(1) 右向きを正とし，加速度を a〔m/s^2〕，糸の張力の大きさを T〔N〕とすると，
Aについての運動方程式は，

　$2.0\,\mathrm{kg} \times a = T$　　　…①

Bについての運動方程式は，

　$3.0\,\mathrm{kg} \times a = 10\,\mathrm{N} - T$　…②

式①，②を連立して，

　$5.0\,\mathrm{kg} \times a = 10\,\mathrm{N}$
　　　$a = 2.0\,\mathrm{m/s^2}$　　　$2.0\,\mathrm{m/s^2}$

(2) 式①に $a = 2.0\,\mathrm{m/s^2}$ を代入して，

　$T = 2.0\,\mathrm{kg} \times 2.0\,\mathrm{m/s^2} = 4.0\,\mathrm{N}$　　$4.0\,\mathrm{N}$

---

2 【糸でつながれた2物体の運動方程式】

(1) 台車A，おもりBのそれぞれに生じる加速度の向きを正とすると，台車Aの運動方程式は $Ma = T$，おもりBの運動方程式は $ma = mg - T$

台車Aの運動方程式：$Ma = T$

おもりBの運動方程式：$ma = mg - T$

(2) (1)の運動方程式に数値を代入すると，

　台車A：$5.0\,\mathrm{kg} \times a = T$　…①
　おもりB：$2.0\,\mathrm{kg} \times a = 2.0\,\mathrm{kg} \times 9.8\,\mathrm{m/s^2} - T$

　　　　　　　　　　　　　　　…②

式①，②を連立させると，

　$7.0\,\mathrm{kg} \times a = 19.6\,\mathrm{N}$
　　　　$a = 2.8\,\mathrm{m/s^2}$

$$2.8\,\mathrm{m/s^2}$$

【別解】(1)のおもりBの運動方程式に，台車Aの運動方程式を代入すると，

　$ma = mg - Ma$

　これを変形して，

　$ma + Ma = mg$

　したがって，

　$a = \dfrac{mg}{m + M} = \dfrac{2.0\,\mathrm{kg} \times 9.8\,\mathrm{m/s^2}}{2.0\,\mathrm{kg} + 5.0\,\mathrm{kg}}$

　　$= 2.8\,\mathrm{m/s^2}$

$$2.8\,\mathrm{m/s^2}$$

(3) 台車Aの運動方程式に(2)の答えを代入して，

　$T = Ma = 5.0\,\mathrm{kg} \times 2.8\,\mathrm{m/s^2} = 14\,\mathrm{N}$

$$14\,\mathrm{N}$$

16 いろいろな力を受ける運動 (p.32)

● **動摩擦力を受ける物体の運動** ●

物体があらい水平面上を運動するとき，物体の質量を m 〔kg〕，重力加速度の大きさを g 〔m/s^2〕，動摩擦係数を μ' とすると，鉛直方向の力のつりあいより動摩擦力の大きさ F' 〔N〕は，

$$F' = \mu'N = \mu'mg$$

水平方向の運動方程式は，加速度を a 〔m/s^2〕，物体を引く力の大きさを F 〔N〕とすると，

$$ma = F - F' = F - \mu'mg$$

● **空気の抵抗を受けて落下する物体の運動** ●

空気中を落下する物体は空気の抵抗力を受けて，十分な時間が経過すると落下する速度が一定の値となる。

$$ma = mg - f$$
$$f：空気の抵抗力の大きさ〔N〕$$

終端速度：落下する雨滴などにはたらく合力がつりあって等速直線運動になったときの速度。

✔ 重要事項マスター

1 1 mg ， 2 動 ， 3 $\mu'N$ ，
　　 4 $\mu'mg$ ， 5 $F - \mu'mg$

2 1 逆(反対) ， 2 大きく ，
　　 3 等しく(同じに) ， 4 等速直線 ，
　　 5 終端

✐ Exercise

1 【動摩擦力を受ける物体の運動】

(1)鉛直方向の力はつりあっているので，

　　垂直抗力の大きさ＝重力の大きさ

　　垂直抗力の大きさを N 〔N〕とすると，

　　$N = W = mg = 10\,\text{kg} \times 9.8\,\text{m/s}^2 = 98\,\text{N}$

98 N

(2)動摩擦力 $F' = \mu'N$ より，

　　$F' = 0.20 \times 98\,\text{N} = 19.6\,\text{N}$

動摩擦力の大きさ：20 N

求める加速度の大きさを a 〔m/s^2〕とすると，運動方程式は，

　　$10\,\text{kg} \times a = 42\,\text{N} - 19.6\,\text{N}$

　　よって，$a = 2.24\,\text{m/s}^2$

加速度の大きさ：2.2 m/s^2

2 【空気の抵抗を受けて落下する物体の運動】

(1)落ち始めたときは，速さはほとんど0なので，空気の抵抗力もほとんど0と考えてよい。

　　よって，自由落下と同じ $9.8\,\text{m/s}^2$

9.8 m/s^2

(2)終端速度に達したときは，雨滴の重力と空気の抵抗力がつりあい，雨滴は等速直線運動をしている。

　　よって，加速度は $0\,\text{m/s}^2$

0 m/s^2

(3)質量の大きな雨滴は重力の大きさも大きいので，つりあう空気の抵抗力の大きさも大きい。空気の抵抗力の大きさは雨滴の速度が増すほど大きくなるので，力がつりあったときの雨滴の速度，すなわち終端速度は大きくなっている。

大きくなる

17 仕事とエネルギー　　(p.34)

学習内容のまとめ

● 仕事 ●

仕事とは：力を加えて，その力の向きに物体を動かした場合，力は物体に仕事をしたという。大きさ F〔N〕の力を加えて，物体をその力の向きに x〔m〕動かしたとする。この場合，力のした仕事 W〔J〕は $W = Fx$ となる。

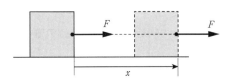

仕事の単位：J（ジュール），$1\,\text{J} = 1\,\text{N·m}$

F - x グラフ：縦軸を力の大きさ F，横軸を移動距離 x とした F - x グラフの面積は，力のした仕事を表す。

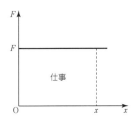

力と運動の向きが異なる場合の仕事：一定の大きさ F〔N〕の力を水平方向より角 θ 傾けて加えて，水平方向に x〔m〕物体を動かす場合は，力 F を物体が動いた方向の分力 F_x と動いた方向に垂直な分力 F_y に分解する。力のする仕事 W〔J〕は $F_x x$ となる。

補足 分力の大きさ F_x は，$F_x = F\cos\theta$ と表されるので，仕事 W〔J〕は，

$$W = Fx\cos\theta$$

となる。

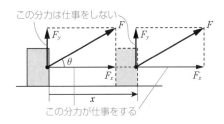

この分力は仕事をしない

この分力が仕事をする

✓・重要事項マスター

1 (1) 1 **仕事**　　(2) 2 **Fx**　　(3) 3 **仕事**

　　(4) 4 **0**

2 (1) 1 **$F_x x$**　　(2) 2 **0**

　　(3) 3 **逆**　, 4 **負**

✏ **Exercise**

1 【仕事】

(1) 力の向きと動かす向きが同じ場合，仕事は

$W = Fx$ で表される。よって，

$$W = Fx = 2.0\,\text{N} \times 0.50\,\text{m} = 1.0\,\text{J}$$
　　　　　　　　　　　　　　　　　　1.0 J

(2) F - x グラフの面積は，仕事を表す。よって

$$W = Fx = 10\,\text{N} \times 2.0\,\text{m} = 20\,\text{J}$$
　　　　　　　　　　　　　　　　　　20 J

(3) ゆっくり動かす場合は，重力に対してつりあう力を加えている。

$$W = Fx = mgx$$
$$= 0.50\,\text{kg} \times 9.8\,\text{m/s}^2 \times 0.40\,\text{m} = 1.96\,\text{J}$$
　　　　　　　　　　　　　　　　　　2.0 J

2 【力と運動の向きが異なる場合の仕事】

(1) $F : F_x = 4.0\,\text{N} : F_x = 2 : \sqrt{3}$ より，

$$F_x = 4.0\,\text{N} \times \frac{\sqrt{3}}{2}$$

仕事の式に代入して，

$$W = F_x x = 4.0\,\text{N} \times \frac{\sqrt{3}}{2} \times 3.0\,\text{m} = 10.4\,\text{J}$$
　　　　　　　　　　　　　　　　　　10 J

(2) $F : |F_x| = 50\,\text{N} : |F_x| = \sqrt{2} : 1$ より，

$$|F_x| = 50\,\text{N} \times \frac{\sqrt{2}}{2}$$

仕事の式に代入して，

$$W = F_x x = -50\,\text{N} \times \frac{\sqrt{2}}{2} \times 2.0\,\text{m} = -70.5\,\text{J}$$
　　　　　　　　　　　　　　　　　　−71 J

(3) 動摩擦力は負の仕事をする。仕事の式に代入して，

$$W = F_x x = -2.0\,\text{N} \times 3.0\,\text{m} = -6.0\,\text{J}$$
　　　　　　　　　　　　　　　　　　−6.0 J

【別解】

(1) $W = Fx\cos\theta$ で求めることができる。

$$W = 4.0\,\text{N} \times 3.0\,\text{m} \times \cos30° = 12\,\text{J} \times \frac{\sqrt{3}}{2}$$
$$= 10.4\,\text{J}$$
　　　　　　　　　　　　　　　　　　10 J

(2) $W = Fx\cos\theta$，$\theta = 135°$ で求めることができる。

$$W = 50\,\text{N} \times 2.0\,\text{m} \times \cos135°$$
$$= 100\,\text{J} \times \left(-\frac{\sqrt{2}}{2}\right) = -70.5\,\text{J}$$
　　　　　　　　　　　　　　　　　　−71 J

(3) $W = Fx\cos\theta$，$\theta = 180°$ で求めることができる。

$$W = 2.0\,\text{N} \times 3.0\,\text{m} \times \cos180° = -6.0\,\text{J}$$
　　　　　　　　　　　　　　　　　　−6.0 J

● 仕事の性質 ●

道具を用いた仕事：てこや滑車，斜面などの
　道具を用いることで，物体を動かす際の力
　の大きさを小さくすることができる。力が
　小さくなった場合，動かす距離は長くなる。

仕事の原理：道具を用いれば，必要な力の大
　きさは小さくすることはできるが，仕事の
　量は変化しない。

● 仕事率 ●

仕事率：仕事の能率，力が単位時間あたりど
　れだけ仕事をするかを表す量である。時間
　t〔s〕間で，W〔J〕の仕事をした場合，仕事率
　P〔W〕は $P = \dfrac{W}{t}$ となる。

仕事率と速度：物体が F〔N〕の力を受け，力の
　向きに一定の速さ v〔m/s〕で動いた。このと
　き，力 F の仕事率 P は $P = Fv$ となる。

仕事率の単位：W（ワット），$1\,\text{W} = 1\,\text{J/s}$

✓ 重要事項マスター

1 (1) 1　道具　　(2) 2　力　　(3) 3　mg，

　　　4　mgh　　(4) 5　$\dfrac{1}{2}mg$，6　mgh

　　(5) 7　道具，8　力，9　仕事，

2 (1) 1　仕事　　(2) 2　仕事率　　(3) 3　$\dfrac{W}{t}$

　　(4) 4　W

✐ Exercise

1【道具を用いたときの仕事】

(1)質量 m〔kg〕の物体にはたらく重力の大きさは，
mg〔N〕であることより，

　　$1.0\,\text{kg} \times 9.8\,\text{m/s}^2 = 9.8\,\text{N}$　　　**9.8 N**

(2)重力の斜面方向の分力の大きさは，$\dfrac{1}{2}mg$〔N〕で
ある。この力とつりあう力を加えれば，斜面に沿っ
て物体をゆっくり動かすことができる。

　したがって，

　　$\dfrac{1}{2}mg = \dfrac{1}{2} \times 9.8\,\text{N} = 4.9\,\text{N}$　　　**4.9 N**

(3)高さ 1.0 m まで引き上げるのに，動かす距離は
2.0 m である。　　　　　　　　　　　　**2.0 m**

(4)$W = Fx$ より，

　　$W = 4.9\,\text{N} \times 2.0\,\text{m} = 9.8\,\text{J}$　　　**9.8 J**

(5)直接 1.0 m の高さまで引き上げるのには，

　　$W' = 9.8\,\text{N} \times 1.0\,\text{m} = 9.8\,\text{J}$

　　（仕事の原理より，$W = W'$ となる。）　　**9.8 J**

2【仕事率】

(1)仕事率の式に代入する。

　　$P = \dfrac{W}{t} = \dfrac{80\,\text{J}}{5.0\,\text{s}} = 16\,\text{W}$　　　**16 W**

(2)仕事率の式 $P = \dfrac{W}{t}$ を変形して代入する。

　　$W = Pt = 5.0\,\text{W} \times 12\,\text{s} = 60\,\text{J}$

　　　　　　　　　　　　　　　　　　60 J

3【仕事率と速度】

(1)2.0 s 間で，物体は $vt = 2.0\,\text{m/s} \times 2.0\,\text{s} = 4.0\,\text{m}$
移動した。よって仕事 W〔J〕は，

　　$W = Fx = 4.0\,\text{N} \times 4.0\,\text{m} = 16\,\text{J}$　　**16 J**

(2)仕事率 P〔W〕は，$P = \dfrac{W}{t}$ で表されるので

　　$P = \dfrac{W}{t} = \dfrac{16\,\text{J}}{2.0\,\text{s}} = 8.0\,\text{W}$　　　**8.0 W**

【別解】

$P = Fv$ より，

　　$P = Fv = 4.0\,\text{N} \times 2.0\,\text{m/s} = 8.0\,\text{W}$

　　　　　　　　　　　　　　　　　　8.0 W

19 運動エネルギー (p.38)

学習内容のまとめ

● エネルギー ●

エネルギー：物体が他の物体に仕事をすることができる場合，物体はエネルギーをもっているといえる。

エネルギーの単位：仕事と同じ J（ジュール）

● 運動エネルギー ●

運動エネルギー：動いている物体がもつエネルギーのことを，運動エネルギーという。質量 m〔kg〕の物体が速さ v〔m/s〕で動いている場合，物体のもつ運動エネルギーは

$$K = \frac{1}{2}mv^2 \text{〔J〕} \quad \text{である。}$$

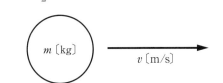

✓ 重要事項マスター

1 (1) 1 仕事 (2) 2 J

2 (1) 1 運動エネルギー (2) 2 J

(3) 3 $\frac{1}{2}mv^2$ (4) 4 大きい

(5) 5 9 (6) 6 2

3 (1) 1 変化 (2) 2 増加 (3) 3 減少

(4) 4 100

✎ Exercise

1【運動エネルギー】

(1) 1 s 間に 1 m 進む速さ（1 m/s）とは，1 時間（3600 s）に 3.6 km 進むことより，1 m/s = 3.6 km/h となる。したがって，

36 km/h = 10 × 3.6 km/h = 10 m/s である。

10 m/s

(2) 運動エネルギー K〔J〕は，$K = \frac{1}{2}mv^2$ であることより，

$$K = \frac{1}{2} \times 1.0 \times 10^3\,\text{kg} \times (10\,\text{m/s})^2$$
$$= 5.0 \times 10^4\,\text{J} \qquad \mathbf{5.0 \times 10^4\,J}$$

(3) 54 km/h = 15 × 3.6 km/h = 15 m/s である。したがって，運動エネルギー K'〔J〕は，

$$K' = \frac{1}{2} \times 1.0 \times 10^3\,\text{kg} \times (15\,\text{m/s})^2$$

$$\frac{K'}{K} = \frac{\frac{1}{2} \times 1.0 \times 10^3\,\text{kg} \times (15\,\text{m/s})^2}{\frac{1}{2} \times 1.0 \times 10^3\,\text{kg} \times (10\,\text{m/s})^2}$$

$$= 1.5^2 = 2.25 \qquad \mathbf{2.3\,倍}$$

(4) 質量が 1.2×10^3 kg であることより，運動エネルギー K''〔J〕は，

$$K'' = \frac{1}{2} \times 1.2 \times 10^3\,\text{kg} \times (10\,\text{m/s})^2$$

$$\frac{K''}{K} = \frac{\frac{1}{2} \times 1.2 \times 10^3\,\text{kg} \times (10\,\text{m/s})^2}{\frac{1}{2} \times 1.0 \times 10^3\,\text{kg} \times (10\,\text{m/s})^2}$$

$$= 1.2 \qquad \mathbf{1.2\,倍}$$

2【運動エネルギーの変化と仕事】

(1) 力のした仕事は $W = Fx$ で与えられることより，

$$W = 5.0\,\text{N} \times 0.40\,\text{m} = 2.0\,\text{J}$$

2.0 J

(2) 運動エネルギーの変化は，力のした仕事に等しくなることより，

$$\frac{1}{2}mv^2 - \frac{1}{2}mv_0^2 = W$$

したがって，

$$\frac{1}{2} \times 1.0\,\text{kg} \times v^2 = 2.0\,\text{J}$$

$$v = 2.0\,\text{m/s} \qquad \mathbf{2.0\,m/s}$$

3【負の仕事の運動エネルギー】

(1) 動摩擦力のした仕事は，負の値となる。

$$W = -9.0\,\text{N} \times 4.0\,\text{m} = -36\,\text{J}$$

−36 J

(2) 運動エネルギーの変化は，力のした仕事に等しくなることより，

$$\frac{1}{2}mv^2 - \frac{1}{2}mv_0^2 = W$$

したがって，

$$\frac{1}{2} \times 2.0\,\text{kg} \times v^2 - \frac{1}{2} \times 2.0\,\text{kg} \times (10\,\text{m/s})^2$$

$$= -36\,\text{J}$$
$$v^2 = 64\,(\text{m/s})^2$$
$$v = 8.0\,\text{m/s}$$

8.0 m/s

20 位置エネルギー

(p.40)

学習内容のまとめ

●位置エネルギー●

重力による位置エネルギー：高いところにある物体のもつエネルギーのことを，重力による位置エネルギーという。質量 m〔kg〕の物体が，基準面となる地面より高さ h〔m〕の位置にある場合，重力による位置エネルギー U〔J〕は $U = mgh$ となる。

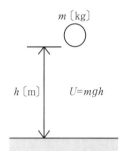

弾性力による位置エネルギー：ばねのように伸ばしたり縮めたりすることによって変形した物体のもっているエネルギーのことを，弾性力による位置エネルギー（弾性エネルギー）という。ばね定数 k〔N/m〕のばねを自然の長さから x〔m〕伸ばしたとき，弾性力による位置エネルギー U〔J〕は $U = \frac{1}{2}kx^2$ となる。

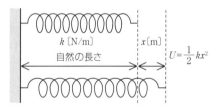

✓重要事項マスター

1 (1) 1 **重力** ，2 **仕事**

(2) 3 **エネルギー** ，

4 **重力による位置エネルギー**

(3) 5 **基準面** ，6 **任意** (4) 7 *mgh*

(5) 8 **正** ，9 **負**

2 (1) 1 **仕事** (2) 2 **弾性力**

(3) 3 **弾性力による位置エネルギー**

(4) 4 $\frac{1}{2}kx^2$ (5) 5 $\frac{1}{2}kx^2$

✎ Exercise

1 【重力による位置エネルギー】

重力による位置エネルギーは $U = mgh$ で表される。基準面より，物体が高い位置にあると正，低い位置では負となる。

(1) 1階を基準面とした場合，基準面から +6.0 m であることより，

$$U = 2.0\,\text{kg} \times 9.8\,\text{m/s}^2 \times 6.0\,\text{m} = 117\,\text{J}$$

$1.2 \times 10^2\,\text{J}$

(2) 2階を基準面とした場合，基準面から +3.0 m であることより，

$$U = 2.0\,\text{kg} \times 9.8\,\text{m/s}^2 \times 3.0\,\text{m} = 58.8\,\text{J}$$

59 J

(3) 4階を基準面とした場合，基準面から −3.0 m であることより，

$$U = 2.0\,\text{kg} \times 9.8\,\text{m/s}^2 \times (-3.0\,\text{m}) = -58.8\,\text{J}$$

−59 J

2 【重力による位置エネルギー】

(1) 仕事 W は，$W = mgh$ で表される。したがって，重力のした仕事 W は，

$$W = 0.50\,\text{kg} \times 9.8\,\text{m/s}^2 \times (4.0\,\text{m} - 2.0\,\text{m})$$
$$= 9.8\,\text{J}$$

9.8 J

(2) 重力による位置エネルギーは $U = mgh$ で表される。したがって，

$$U_\text{A} = 0.50\,\text{kg} \times 9.8\,\text{m/s}^2 \times 4.0\,\text{m} = 19.6\,\text{J}$$
$$U_\text{B} = 0.50\,\text{kg} \times 9.8\,\text{m/s}^2 \times 2.0\,\text{m} = 9.8\,\text{J}$$

よって，$U_\text{A} - U_\text{B} = 19.6\,\text{J} - 9.8\,\text{J} = 9.8\,\text{J}$

となる。これは，重力のした仕事に等しい。

9.8 J

3 【弾性力による位置エネルギー】

(1) 弾性力による位置エネルギーは $U = \frac{1}{2}kx^2$ となる。

$$U_1 = \frac{1}{2} \times 80\,\text{N/m} \times (0.20\,\text{m})^2 = 1.6\,\text{J}$$ **1.6 J**

(2) $U_2 = \frac{1}{2} \times 80\,\text{N/m} \times (0.40\,\text{m})^2 = 6.4\,\text{J}$ **6.4 J**

(3) ばねが物体にすることのできる仕事は，(2)のエネルギーの分だけである。したがって，6.4 J

6.4 J

学習内容のまとめ

● **力学的エネルギー** ●

力学的エネルギー：物体のもつ運動エネルギー K〔J〕と位置エネルギー U〔J〕の和 E〔J〕を力学的エネルギーという。

● **力学的エネルギー保存の法則** ●

力学的エネルギー保存の法則：重力や弾性力のみが仕事をしている場合，力学的エネルギーが保存される。

力学的エネルギーが保存される例：重力のみはたらく落下運動や，空気の抵抗が無視できる場合の振り子の運動，なめらかな曲面上の運動では力学的エネルギー保存の法則が成立する。

力学的エネルギーが保存されない場合：重力や弾性力以外の力が仕事をする場合には，力学的エネルギーは保存されない（空気抵抗力や摩擦力が仕事をする場合など）。

✓ 重要事項マスター

1 (1) 1　**力学的エネルギー**

(2) 2　**一定** ，

　　 3　**力学的エネルギー保存の法則**

(3) 4　**重力**

(4) 5　**弾性力** ， 6　**力学的エネルギー**

(5) 7　**重力** ， 8　**弾性力** （7, 8 は順不同），

　　 9　**運動** ， 10　**位置** （9, 10 は順不同），

　　 11　**一定**

(6) 12　**重力** ， 13　**垂直抗力** ，

　　 14　**垂直** ， 15　**仕事**

2 (1) 1　**力学的エネルギー**

(2) 2　**空気抵抗力** ， 3　**減少**

✎ Exercise

1【力学的エネルギー保存の法則】

(1)重力による位置エネルギーは $U = mgh$ で表される。したがって，地面を基準面とすると，

$$U = 0.50\,\text{kg} \times 9.8\,\text{m/s}^2 \times 2.5\,\text{m} = 12.2\,\text{J}$$

12 J

(2)地面に衝突する直前は重力による位置エネルギーがすべて運動エネルギー $\frac{1}{2}mv^2$〔J〕に移り変わるので，

$$\frac{1}{2} \times 0.50\,\text{kg} \times v^2 = 12.25\,\text{J}$$

したがって，$v = 7.0\,\text{m/s}$　　　　**7.0 m/s**

2【力学的エネルギー保存の法則】

(1)力学的エネルギー E は運動エネルギー K と位置エネルギー U の和であることより，

$$E = K + U = \frac{1}{2}mv^2 + mgH \quad \text{となる。}$$

$$\left(\frac{1}{2}mv^2 + mgH\right)\text{〔J〕}$$

(2)最下点は重力による位置エネルギーが 0 J となる。力学的エネルギーは保存されることより，最下点での速さを v'〔m/s〕とすると，

$$\frac{1}{2}mv^2 + mgH = \frac{1}{2}mv'^2 \quad \text{が成立する。}$$

したがって，$v' = \sqrt{v^2 + 2gH}$

$$\sqrt{v^2 + 2gH}\,\text{〔m/s〕}$$

(3)到達する最高点では，運動エネルギーは 0 J となる。力学的エネルギーは保存されることより，最高点の高さを h〔m〕とすると，$\frac{1}{2}mv^2 + mgH = mgh$ が成立する。

したがって，$h = H + \dfrac{v^2}{2g}$ となる。

$$\left(H + \frac{v^2}{2g}\right)\text{〔m〕}$$

3【力学的エネルギー保存の法則】

(1)運動エネルギーは $K = \frac{1}{2}mv^2$ であることより，

$$K = \frac{1}{2} \times 0.50\,\text{kg} \times (2.0\,\text{m/s})^2 = 1.0\,\text{J}$$

1.0 J

(2)(1)の運動エネルギーがばねの弾性力による位置エネルギー $U = \frac{1}{2}kx^2$ に変換されることより，

$$\frac{1}{2} \times 50\,\text{N/m} \times x^2 = 1.0\,\text{J}$$

よって，$x = 0.20\,\text{m}$

0.20 m

4【摩擦力がはたらく場合の力学的エネルギー】

最初に物体のもっていた力学的エネルギーは，mgh〔J〕である。これは摩擦のある面に到着する直前まで一定である。摩擦力のする仕事 W〔J〕の分だけ，力学的エネルギーは減少する。静止したときの力学的エネルギーは 0 であることより，$0 - mgh = W$ となる。x〔m〕すべって静止したとすると，$W = -Fx$ となることより，

$$0 - mgh = -Fx$$

したがって，$x = \dfrac{mgh}{F}$ となる。

$$\frac{mgh}{F}\,\text{〔m〕}$$

学習内容のまとめ

●物質の三態と熱運動●

物質の三態：物質は，気体・液体・固体という三つの状態をとる。温度や圧力などによって，物質の状態は定まる。

熱運動：すべての物体は，原子・分子からできている。それらの原子・分子は温度に応じた運動(熱運動)をしている。

温度と熱運動：物体を構成している原子・分子の熱運動の激しさが温度として現れる。

●温度の表し方●

温度：冷暖を数値化したものが温度である。

温度の単位：セ氏温度(セルシウス温度，単位℃)，絶対温度(単位 K(ケルビン))

セ氏温度：1気圧中での氷の溶ける温度を0℃，水の沸騰する温度を100℃とし，その間を等分した目盛をもつ単位である。

絶対温度：−273℃を0K(絶対零度)とし，目盛幅はセ氏温度と同じである。

絶対温度とセ氏温度：絶対温度 T〔K〕とセ氏温度 t〔℃〕の関係は，$T = t + 273$

●熱と熱量，状態変化と潜熱●

熱量の単位：熱はエネルギーの一種であり，熱量の単位は J である。

熱の移動：熱は高温物体から低温物体に移動する。

潜熱：状態変化させるのに必要な熱のこと。例えば，融解熱や蒸発熱など。

●熱平衡状態●

熱平衡状態：高温物体と低温物体の接触で，高温物体から低温物体へと熱が移動し，時間が経過して2つの物体が同じ温度となった，熱の受け渡しのない状態のこと。

✓重要事項マスター

1 (1) 1 **物質の三態** (2) 2 **熱運動**

(3) 3 **温度**

2 (1) 1 **0** ，2 **100**

(2) 3 **−273** ，4 **絶対零度** ，5 **絶対温度**

(3) 6 $t + 273$

3 (1) 1 **熱(熱量)** ，2 **J(ジュール)**

(2) 3 **潜熱** ，4 **融解熱** ，5 **蒸発熱**

✎ Exercise

1 【セ氏温度と絶対温度】

セ氏温度 t〔℃〕と絶対温度 T〔K〕には，$T = t + 273$ の関係がある。

(1) $T = 30 + 273 = 303\,K$ 　　　　　　303 K

(2) $300 = t + 273$ より，$t = 27$℃ 　　　27℃

(3) 1気圧中で，氷の溶ける温度が0℃であることより，273 K である。 　　　　　273 K

(4) $0 = t + 273$ より，

　　$t = -273$℃ 　　　　　　　　　−273℃

(5) 温度の目盛幅は，セ氏温度と絶対温度では変わらない。よって，温度差もセ氏温度と絶対温度では変わらない。 　　　　　　　　　　10 K

2 【温度と熱運動】

① **激しい** ② **減少** ③ **増加**

④ **低下** ⑤ **上昇**

3 【潜熱】

(1) 氷の融点は0℃，水の沸点は100℃である。

　　　　　　① **0℃** ② **100℃**

(2) 0℃の氷を0℃の水に変化させるのに50 sから100 sまでの間で50 sかかっていることより，

　　$1.0 \times 10^3\,J/s \times 50\,s = 5.0 \times 10^4\,J$

　　　　　　　　　　　　　$5.0 \times 10^4\,J$

(3) 100℃の水を100℃の水蒸気に変化させるのに337 sかかっていることより，

　　$1.0 \times 10^3\,J/s \times 337\,s = 3.37 \times 10^5\,J$

　　　　　　　　　　　　　$3.4 \times 10^5\,J$

学習内容のまとめ

●熱容量●

熱容量：物体の温度を1K変化させるのに必要な熱量のことを熱容量という。熱容量の単位は，J/Kである。熱量 Q [J] を加えたところ，熱容量 C [J/K] の物体は温度が ΔT [K] 上昇した。この場合，次の関係が成立する。

$$Q = C\Delta T$$

●比熱●

比熱：物質1gあたり，温度を1K変化させるのに必要な熱量を比熱という。比熱の単位は，J/(g·K) となり，物質によって異なる値をもつ。熱量 Q [J] を加えたところ，質量 m [g]，比熱 c [J/(g·K)] の物質の温度が ΔT [K] 上昇した。この場合，次の関係が成立する。

$$Q = mc\Delta T$$

●熱の移動●

高温の物体と低温の物体を接触させると，高温の物体から低温の物体へ熱が移動する。外部との熱のやりとりがなければ，高温の物体が放出した熱量と低温の物体が受け取った熱量は等しい。

✓ 重要事項マスター

1 (1) 1 **熱** ， 2 **熱容量** ， 3 **J/K**

(2) 4 $C\Delta T$ (3) 5 **温度**

2 (1) 1 **質量** ， 2 **温度**

(2) 3 **比熱(比熱容量)** ， 4 **J/(g·K)** ，

(3) 5 $mc\Delta T$ (4) 6 mc

3 (1) 1 **熱** (2) 2 **低温** ， 3 **高温**

✓ Exercise

1 【熱容量】

物体の温度変化を ΔT [K]，加えた熱量を Q [J]，熱容量を C [J/K] とすると，$Q = C\Delta T$ となる。温度の目盛幅はセ氏温度と絶対温度で同じなので，温度変化も同じ値となる。

(1) $C = \dfrac{Q}{\Delta T} = \dfrac{200\,\text{J}}{10\,\text{K}} = 20\,\text{J/K}$

$$20\,\text{J/K}$$

(2) $Q = C\Delta T = 20\,\text{J/K} \times 30\,\text{K} = 6.0 \times 10^2\,\text{J}$

$$6.0 \times 10^2\,\text{J}$$

2 【比熱】

質量を m [g]，温度変化を ΔT [K]，加えた熱量を Q [J]，比熱を c [J/(g·K)]，熱容量を C [J/K] とすると，$Q = C\Delta T = mc\Delta T$ となる。

(1) $C = \dfrac{Q}{\Delta T} = \dfrac{475\,\text{J}}{25\,\text{K}} = 19\,\text{J/K}$

$$19\,\text{J/K}$$

(2) $C = mc$ より，$c = \dfrac{C}{m} = \dfrac{19\,\text{J/K}}{50\,\text{g}} = 0.38\,\text{J/(g·K)}$

$$0.38\,\text{J/(g·K)}$$

3 【熱容量と比熱】

比熱 c [J/(g·K)] の物質だけでできている質量 m [g] の物体の熱容量 C [J/K] は，$C = mc$ となる。よって，

$$C = mc = 50\,\text{g} \times 4.2\,\text{J/(g·K)} = 2.1 \times 10^2\,\text{J/K}$$

$$2.1 \times 10^2\,\text{J/K}$$

4 【熱の移動】

（高温の物体の失った熱量）＝（低温の物体の得た熱量）である。また，$Q = mc\Delta T$ となることより，熱平衡後の温度を t [℃] とすると，

$$40 \times 4.2 \times (60 - t) = 200 \times 4.2 \times (t - 10)$$

$$t = 18.3\,℃$$

$$18\,℃$$

学習内容のまとめ

● 内部エネルギー ●

内部エネルギー：物体内部の原子・分子の力学的エネルギーの合計である。物体の温度が高いほど，物体の内部エネルギーは大きい。

● 熱力学第一法則 ●

熱力学第一法則：物体に加えた熱量を Q 〔J〕，物体が外部からされた仕事を W_{in} 〔J〕，物体の内部エネルギーの変化を ΔU 〔J〕とすると，その関係は次式で表される。

$$\Delta U = Q + W_{in}$$

● 熱機関と熱効率，不可逆変化 ●

熱機関：熱を取り入れて仕事に変える装置。

熱効率：高温熱源から受け取った熱量を Q_1 〔J〕，低温熱源に放出する熱量を Q_2 〔J〕，熱機関が外部にした仕事を W_{out} 〔J〕とすると，熱機関の熱効率 e は次式で表される。

$$e = \frac{W_{out}}{Q_1} = \frac{Q_1 - Q_2}{Q_1}$$

不可逆変化：ある向きには進むが，その逆向きには自然に進むことのない変化のこと。熱現象は不可逆変化である。

✓ 重要事項マスター

1 (1) 1 **熱運動** (2) 2 **位置エネルギー**
(3) 3 **内部エネルギー** (4) 4 **温度**

2 (1) 1 **内部エネルギー** (2) 2 $Q + W_{in}$ ，
3 **熱力学第一法則**

3 (1) 1 **熱機関** (2) 2 **熱効率**
(3) 3 **不可逆変化**

✏ Exercise

1 【熱力学第一法則】

熱力学第一法則は，内部エネルギーの変化を ΔU 〔J〕，加えた熱量を Q 〔J〕，外部からされた仕事を W_{in} 〔J〕とすると，$\Delta U = Q + W_{in}$ となる。

(1) $\Delta U = Q + W_{in} = 100\,J + (-30\,J) = 70\,J$

70 J

(2) $Q = 0\,J$ より，$\Delta U = W_{in} = 100\,J$

100 J

2 【熱効率】

(1) 外部に放出した熱量は，

$100\,J - 20\,J = 80\,J$

80 J

(2) 熱効率 e は，

$$e = \frac{W_{out}}{Q_1} = \frac{20}{100} = 0.20$$

0.20

3 【熱機関のする仕事】

熱機関の熱効率 $e = 0.20$，熱機関が外部にすることのできる仕事 $W_{out} = 80\,J$ であるので，熱機関に与えた熱量 Q_1 〔J〕，熱機関が外部に放出した熱量 Q_2 〔J〕を求めることができる。

(1) 熱機関の熱効率 e は，

$$e = \frac{W_{out}}{Q_1}$$

より，

$$Q_1 = \frac{W_{out}}{e} = \frac{80\,J}{0.20} = 4.0 \times 10^2\,J$$

4.0×10^2 J

(2) $W_{out} = Q_1 - Q_2$ より，

$Q_2 = Q_1 - W_{out} = 400\,J - 80\,J = 320\,J$

3.2×10^2 J

4 【不可逆変化】

ア 空気抵抗がなければ，振り子の振動は減衰しない。よって可逆変化。

イ 高温物体と低温物体を接触させると，高温物体の温度は低下し，低温物体の温度は上昇する。その逆はない。よって不可逆変化。

ウ 水の中にインクを1滴落とすと，インクは拡散する。その逆は自然にはない。よって不可逆変化。

エ あらい水平面上では，運動していた物体は摩擦熱を発生させ，いずれ止まってしまう。逆に，止まっていた物体が自然に周囲から熱を吸収して運動することはない。よって不可逆変化。

イ，ウ，エ

25 波の性質 (p.50)

学習内容のまとめ

●波の特徴●

波（波動）：物質そのものが進むのではなく，振動が次々に伝わっていく現象。

波源：波の発生する場所。

媒質：波を伝える物質。

〈例〉 池に小石を落とした場合に生じる波であれば，媒質は水，波源は小石が落ちた場所。

●波を特徴づける量●

変位：振動のつりあいの位置からのずれ。

波形：ある時刻における媒質の各点の変位のようすを表したもの。

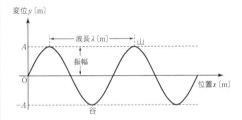

山：波形の最も高いところ。

谷：波形の最も低いところ。

波長：隣りあう山と山，または谷と谷の間の距離。

振幅：媒質の変位の最大値（山の高さ，または谷の深さ）。

パルス波：波形が山1つのような孤立した波。

連続波：山と谷が交互に何度もくり返される波。

●周期と振動数●

周期：媒質のある点が1回振動するのに要する時間。

振動数：媒質のある点が1s間に振動する回数。

周期と振動数の関係：周期 T〔s〕と振動数 f〔Hz〕の間には，$f = \dfrac{1}{T}$ の関係がある。

●波の速さ●

波の速さ：波源が1回振動する間に，波が1波長分だけ進む。したがって，波の速さ v〔m/s〕と周期 T〔s〕，振動数 f〔Hz〕，波長

λ〔m〕の間には，次の関係が成立する。

$$v = \frac{\lambda}{T} = f\lambda$$

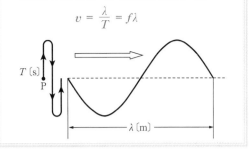

✓ 重要事項マスター

1 (1) 1 波（波動）

(2) 2 波源 ， 3 媒質 (3) 4 波形

(4) 5 山 ， 6 谷

(5) 7 パルス波 ， 8 連続波

2 (1) 1 波長 (2) 2 変位 ， 3 振幅 ，

(3) 4 周期 ， 5 振動数 ， (4) 6 $\dfrac{1}{T}$

(5) 7 1 (6) 8 $\dfrac{\lambda}{T}$ ， 9 $f\lambda$

✓ Exercise

1 【波を表す量】

横軸が位置，縦軸が変位の場合は，ある時刻の波形を表す。

(1)隣りあう山と山，または谷と谷の間の距離であることより， **波長**

(2)媒質の変位の最大値であることより， **振幅**

(3)媒質が1回振動する時間であることより， **周期**

(4)媒質が1s間に振動する回数であることより， **振動数**

2 【波形】

図より，波長 λ〔m〕と振幅 A〔m〕を求める。波の速さ v〔m/s〕と波長 λ より，振動数 f〔Hz〕を求める。周期 T〔s〕は振動数 fと逆数の関係にある。

(1)隣りあう山と山，谷と谷の間の距離より，2.0 m

2.0 m

(2)媒質の変位の最大値なので，0.10 m **0.10 m**

(3)波の速さ v，波長 λ，振動数 fの関係は，

$v = f\lambda$

である。(1)より $\lambda = 2.0$ m，問題文より

$v = 1.0$ m/s であるので，振動数 fは，

$$f = \frac{v}{\lambda} = \frac{1.0\,\text{m/s}}{2.0\,\text{m}} = 0.50\,\text{Hz}$$ **0.50 Hz**

(4)周期 Tと振動数 fの関係は，

$$f = \frac{1}{T}$$

である。したがって，周期 Tは，

$$T = \frac{1}{f} = \frac{1}{0.50\,\text{Hz}} = 2.0\,\text{s}$$ **2.0 s**

●波の種類●

横波：媒質の振動方向と波の進行方向が垂直な波（例：ウェーブマシンの振動）。横波は固体中を伝わるが，液体・気体中を伝わることはない。

進行方向

振動方向

縦波（疎密波）：媒質の振動方向と波の進行方向が平行な波（例：ばねの振動）。縦波は，固体・液体・気体中のいずれも伝わる。

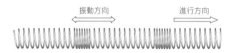

振動方向　　　　進行方向

●縦波の表し方●

縦波の表し方：縦波は，波の進む向きに x 軸をとり，媒質の各点のつりあいの位置（波がないときの位置）からの変位を y 軸にとったグラフにして表す。

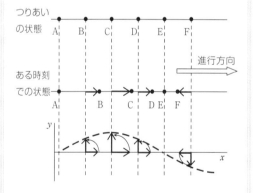

つりあいの状態
A B C D E F

ある時刻での状態
A B C D E F

進行方向

縦波の疎密：縦波は，媒質が集まったところ（密の部分）と，まばらなところ（疎の部分）ができる。波の疎の部分は変位 y の値が負から正の値になる部分，密の部分は正から負の値になる部分として表される。

1 (1) 1 **垂直** 　(2) 2 **平行** 　(3) 3 **疎密波**

(4) 4 **横波** ，5 **縦波**

(5) 6 **P** ，7 **S**

2 (1) 1 x ，2 y 　(2) 3 **正** ，4 **負**

(3) 5 **C**

1【縦波の表し方】

媒質の x 方向の変位を，反時計回りに 90° 回転して y 方向の変位にして，媒質をなめらかにつなぐ。

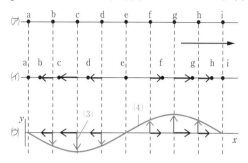

(ア) a b c d e f g h i

(イ) a b c d e f g h i

(ウ) (3) (4)

2【横波表示された縦波】

y 方向の変位を，時計回りに 90° 回転して x 方向の変位にする。

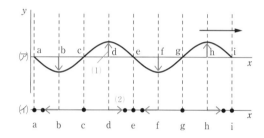

(ア) a b c d e f g h i
(1)

(イ) a b c d e f g h i
(2)

最も密の点は a，e，i である。また，最も疎の点は c，g である。

(3) 　　　　　　　　　　　　　　　　　a, e, i

(4) 　　　　　　　　　　　　　　　　　c, g

学習内容のまとめ

●波の独立性と波の重ねあわせの原理●

波の独立性：2つの波が出あったとき，重なりあった部分の波の形は変化するが，その後はそれぞれが互いに影響を受けることなく，もとの波の形を保って伝わっていく。

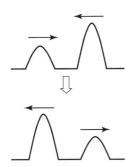

波の重ねあわせの原理：2つの波が出あって重なりあうとき，重なった部分の媒質の変位は，2つの波のそれぞれの変位の和となる。

$$y = y_1 + y_2$$

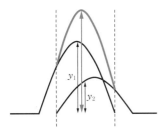

●定在波●

定在波（定常波）：振幅と波長が等しい波が同じ速さで左右から進んできて重なってできた波である。

　定在波には，波が強めあって振幅が大きくなる部分と，弱めあって振動しない部分が交互に等間隔で並ぶ。

腹と節：振幅の最も大きい点を腹，振動しない点を節といい，隣りあう腹と腹（あるいは節と節）の間隔は，もとの波の波長の$\frac{1}{2}$倍である。

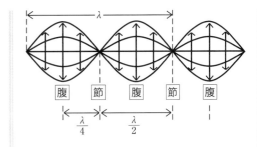

定在波の表し方：変位が最も大きい波のようすをかくことで表す。

✓ 重要事項マスター

1 (1) 1 独立性　　(2) 2 和，3 重ねあわせ
(3) 4 $y_1 + y_2$　　(4) 5 合成波

2 (1) 1 定在波（定常波）
(2) 2 大きく，3 振動
(3) 4 腹，5 節　　(4) 6 $\frac{1}{2}$

✐ Exercise

1【波の重ねあわせの原理】

　1sごとに波を1目盛進ませる。重なっている部分は，波の重ねあわせの原理にしたがって，合成する。

1 s後

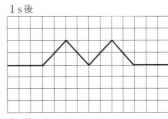

2 s後

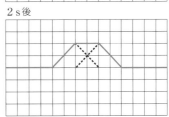

3 s後

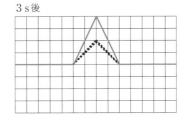

② 【定在波】

(1) 各点において, 波の重ねあわせの原理にしたがっ
て, 合成する。

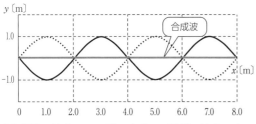

(2) 実線の波を 1.0 m 正の向きへ, 破線の波を 1.0 m
負の向きへ動かして, 合成する。

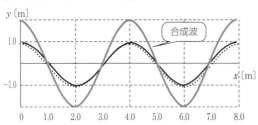

(3) (2)のようすより, 腹の位置は, 0 m, 2.0 m, 4.0
m, 6.0 m, 8.0 m となる。

0 m, 2.0 m, 4.0 m, 6.0 m, 8.0 m

(4) (2)のようすより, 節の位置は, 1.0 m, 3.0 m,
5.0 m, 7.0 m となる。

1.0 m, 3.0 m, 5.0 m, 7.0 m

---

28 波の反射 (p.56)

学習内容のまとめ

● **波の反射** ●

波の反射：波は媒質の端や他の媒質との境界
で反射する。

● **反射の種類** ●

自由端反射：自由端では波の形がそのまま反
射される。

　　パルス波の場合, 入射波が山(谷)なら反
射波も山(谷)となる。

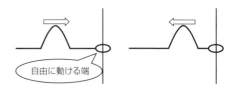

固定端反射：パルス波の山が上下逆となるた
め谷となって反射される。

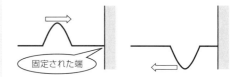

● **波の反射と定在波** ●

入射波と反射波による定在波：連続した入射
波が境界に向かって進む場合, 反射波が連
続的に重なりあうことで定在波が生じる。

定在波のようす：自由端反射の場合, 端は腹
となる。固定端反射の場合, 端は節となる。

　　定在波の腹と節の間隔は, 入射波の波長
の $\dfrac{1}{4}$ 倍となる。

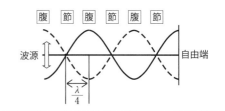

✓ 重要事項マスター

1 (1) 1　**反射**　　(2) 2　**入射波** , 3　**反射波**

　　(3) 4　**入射波** , 5　**反射波** 　(4, 5は順不同)

　　(4) 6　**自由端**

　　(5) 7　**自由端** , 8　**大きく**

　　(6) 9　**固定端** 　(7) 10　**固定端** , 11　**0**

2 (1) 1 **定在波** (2) 2 **入射波**, 3 **反射波**

(2, 3は順不同)

(3) 4 **節** (4) 5 **腹**

Exercise

1 【波の反射】

(1)自由端反射の場合

2 s後

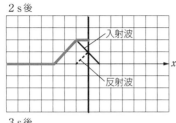

3 s後

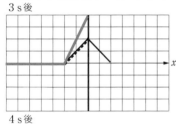

4 s後

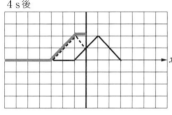

まずは境界がないものとして，波を動かす。そして，境界より先に進んでいる波を折り返す。自由端反射の場合，境界に対して，線対称に折り返す。

(2)固定端反射の場合

2 s後

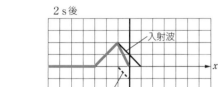

3 s後

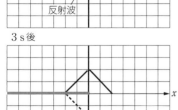

4 s後

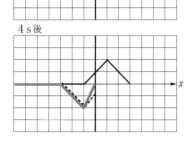

まずは境界がないものとして，波を動かす。そして，境界より先に進んでいる波を折り返す。固定端反射の場合，境界に対して，点対称に折り返す。

2 【定在波】

固定端反射するので，境界の$x = 5.0$ mの部分は振動しない。つまり節となる。また，腹と節の間隔は

$\dfrac{\lambda}{4}$ となる。

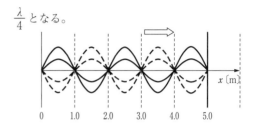

(1) 　　0 m, 1.0 m, 2.0 m, 3.0 m, 4.0 m, 5.0 m

(2) 　　　0.50 m, 1.5 m, 2.5 m, 3.5 m, 4.5 m

29 音の伝わり方と重ねあわせ　(p.58)

学習内容のまとめ

● 音波 ●

音：音とは空気中の圧力変動が伝わっていく現象であり，縦波である。

音の伝搬：固体・液体・気体中で伝わる。

空気中を伝わる音の速さ：空気中を伝わる音の速さは，温度によって変化し，t〔℃〕の音の速さ V〔m/s〕は次式で表される。

$$V = 331.5 + 0.6t$$

● 音の三要素 ●

音の高さ：振動数の違いによる。振動数が大きい音ほど，高い音である。

音の大きさ：おもに振幅の違いによる。振幅が大きい音ほど，大きい音である。

音色：波形の違いによる。同じ高さの音でも楽器により音色は異なる。

● うなり ●

うなり：振動数のわずかに異なる 2 つの音を同時に鳴らすと聞こえる，周期的な音の大小のくり返しのこと。振動数 f_1〔Hz〕と振動数 f_2〔Hz〕の音の場合，うなりが 1 s 間に聞こえる回数 f は，次式で表される。

$$f = |f_1 - f_2|$$

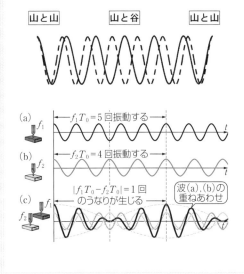

✔重要事項マスター

1 (1) 1　**縦波**

(2) 2　**気体**　, 3　**固体**　, 4　**液体**

(3, 4 は順不同)

---

(3) 5　気温　(4) 6　331.5 + 0.6t

2 (1) 1　振幅

(2) 2　振動数

(3) 3　波形　, 4　音色　(4) 5　三要素

✎ Exercise

1【音】

(1)① 高い　② 大きい　③ （イ）

(2)① t〔℃〕の音の速さ V〔m/s〕は，

$V = 331.5 + 0.6t$ となることより，

$V = (331.5 + 0.6 \times 20)\,\text{m/s} = 343.5\,\text{m/s}$

343.5 m/s

② 音の速さ V〔m/s〕と波長 λ〔m〕，振動数 f〔Hz〕の間には，$V = f\lambda$ の関係があることより，

$$\lambda = \frac{V}{f} = \frac{343.5\,\text{m/s}}{1500\,\text{Hz}} = 0.229\,\text{m}$$

0.229 m

③ 崖で反射して音は戻ってくる。崖までの距離を l〔m〕とすると，$\dfrac{2l}{V} = 0.50\,\text{s}$

よって，$l = 343.5\,\text{m/s} \times \dfrac{0.50\,\text{s}}{2} = 85.8\,\text{m}$

86 m

2【うなり】

(1) うなり

(2) $|f_1 - f_2|$

(3) 音 A と 440 Hz のおんさの音ではうなりは 1 s 間に 2 回聞こえた。したがって，音 A の振動数 f_A〔Hz〕は，2 回/s $= |f_A - 440\,\text{Hz}|$ より，442 Hz または 438 Hz であると考えられる。おんさにおもりを取り付けると，おんさは振動しにくくなるので音の振動数は小さくなる。そして，うなりが聞こえなくなったので，音 A の振動数は 438 Hz であるといえる。

438 Hz

30 弦の振動 (p.60)

学習内容のまとめ

●共振と共鳴●

共振：長さの異なる複数の振り子のうち1つだけを振動させると，同じ固有振動数をもつ振り子がよく振れる。これを共振という。

共鳴：2つの同じ固有振動数のおんさの一方を鳴らすと他方も鳴り始める。これを共鳴という。

●弦の振動●

弦に生じる波：両端を固定してピンと張った弦をはじくと，両端を節とする定在波が生じる。

固有振動：弦に生じる定在波は，弦の長さ l〔m〕に固有の振動となっている。

基本振動：弦に腹が1個生じている場合の定在波

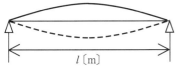

$$\lambda_1 = 2l$$
$$f_1 = \frac{v}{2l}$$

l〔m〕

2倍振動：弦に腹が2個生じている場合の定在波

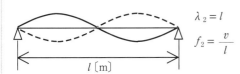

$$\lambda_2 = l$$
$$f_2 = \frac{v}{l}$$

l〔m〕

n倍振動：弦に腹が n 個生じている場合の定在波

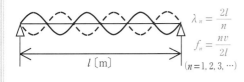

$$\lambda_n = \frac{2l}{n}$$
$$f_n = \frac{nv}{2l}$$

$(n = 1, 2, 3, \cdots)$

l〔m〕

✔ 重要事項マスター

1 (1) 1 固有振動 ， 2 固有振動数
  (2) 3 共振 (3) 4 共鳴

2 (1) 1 節 ， 2 定在波 (2) 3 2.0
  (3) 4 1.0 (4) 5 $\dfrac{2l}{n}$ (5) 6 $\dfrac{nv}{2l}$
  (6) 7 固有振動 ， 8 固有振動数
  (7) 9 基本 ， 10 倍

✏ Exercise

1 【弦の振動】

①
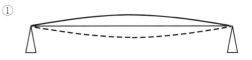

1.6 m

②

0.80 m

③

0.53 m

④

0.40 m

2 【弦の振動】

(1) 基本振動のようすは，図のようになる。したがって，波長 λ〔m〕は $\lambda = 1.60$ m であることより，

$$f = \frac{v}{\lambda} = \frac{680 \text{ m/s}}{1.60 \text{ m}} = 425 \text{ Hz}$$

425 Hz

(2) 振動のようすは，図のようになる。したがって，$\lambda = 0.800$ m であることより，

$$f = \frac{v}{\lambda} = \frac{680 \text{ m/s}}{0.800 \text{ m}} = 850 \text{ Hz}$$

850 Hz

(3) 端の位置を変えた場合，基本振動のようすは，図のようになる。

したがって，$\lambda = 0.800$ m であることより，

$$f = \frac{v}{\lambda} = \frac{680 \text{ m/s}}{0.800 \text{ m}} = 850 \text{ Hz となる。}$$

したがって，(1) の2倍になる。 **2倍**

3 【弦の振動】

定在波のようすは次の図のようになる。

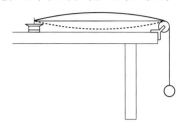

(1)図より，半波長が1.5 mであることから，波長は，

$$1.5 \text{ m} \times 2 = 3.0 \text{ m} \qquad \textbf{3.0 m}$$

(2)100 Hz より，$v = f\lambda = 100 \text{ Hz} \times 3.0 \text{ m} = 300 \text{ m/s}$

$$\textbf{3.0} \times \textbf{10}^2 \textbf{ m/s}$$

---

31 気柱の振動 (p.62)

学習内容のまとめ

● 気柱の振動 ●

気柱の固有振動：管内の空気に振動を与えると，管内には定在波が発生する。管内に生じる定在波は，管の長さや種類によって振動のようすが決まる。

閉管：片端が閉じた管。閉口部（閉じた端）が節，開口部（開いた端）が腹となる定在波が生じる。

節の数

$\lambda_1 = 4l$

$f_1 = \dfrac{V}{4l}$

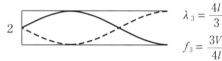

$\lambda_3 = \dfrac{4l}{3}$

$f_3 = \dfrac{3V}{4l}$

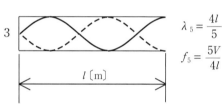

$\lambda_5 = \dfrac{4l}{5}$

$f_5 = \dfrac{5V}{4l}$

$l \text{ (m)}$

管内に生じる定在波の振動数は，次のようになる。

$$f_m = \frac{V}{4l} \times m \qquad (m = 1, 3, 5, \cdots)$$

開管：両端が開いた管。両端が腹となる定在波が生じる。

節の数

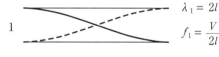

$\lambda_1 = 2l$

$f_1 = \dfrac{V}{2l}$

$\lambda_2 = l$

$f_2 = \dfrac{V}{l}$

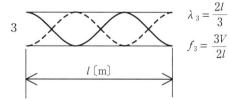

$\lambda_3 = \dfrac{2l}{3}$

$f_3 = \dfrac{3V}{2l}$

$l \text{ (m)}$

管内に生じる定在波の振動数は，次のようになる。

$$f_n = \frac{V}{2l} \times n \qquad (n = 1, 2, 3, \cdots)$$

開口端補正：開口部にできる腹の位置は管口より少し外側になる。

✓ 重要事項マスター

1 (1) 1 **定在波**

(2) 2 **固定端** ， 3 **自由端**

(3) 4 **閉管** ， 5 **開管**

(4) 6 **節** ， 7 **腹**　(5) 8 **開口端補正**

2 (1) 1 $\dfrac{V}{4l} \times m$　　2 **基本**　　3 **3倍**

(2) 4 $\dfrac{V}{2l} \times n$　　5 **基本**　　6 **2倍**

✏ Exercise

1 【気柱の振動】

＜開管＞

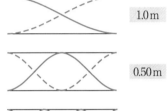
1.0 m

0.50 m

0.33 m

＜閉管＞

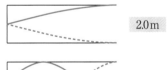
2.0 m

0.67 m

0.40 m

2 【気柱の振動】

共鳴したときは，管内にはスピーカーの音の振動数と同じ音が生じている。管の長さを調整した際の管内の定在波のようすは図のようになる。

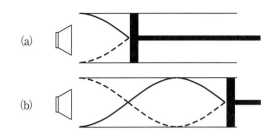

(a)

(b)

(1) はじめて共鳴したときの定在波のようすは，(a) のようになる。音の速さは 340 m/s であることより，

$$f = \frac{V}{\lambda} = \frac{340 \text{ m/s}}{4 \times 0.200 \text{ m}} = 425 \text{ Hz}$$

425 Hz

(2) 次に共鳴したときの定在波のようすは，(b) のようになる。$\dfrac{1}{4}$ 波長が 0.200 m であるから，

$$0.200 \text{ m} \times 3 = 0.600 \text{ m}$$

0.600 m

32 電流と電子 　　　　　　　(p.64)

学習内容のまとめ

●**静電気**●

帯電：物体が電気を帯びること。

電荷：帯電した物体がもつ電気のこと。電荷はプラス(正)とマイナス(負)の2種類がある。

静電気力：プラスとプラス，マイナスとマイナスのように同種の電荷の間では反発力(斥力)がはたらき，プラスとマイナスの異種の電荷の間では引力がはたらく。

●**電子**●

電気素量：電子のもつ電気量の大きさ。

$$e = 1.6 \times 10^{-19}\,\text{C}$$

電気量の単位：クーロン(記号 C)

自由電子：金属中で自由に動き回れる電子のこと。

●**電流**●

電流：電子やイオンなど電荷をもった粒子の流れのこと。単位はアンペア(記号 A)。

電流の向き：正電荷の移動する向き。電子が移動するときは逆向きとなる。

電流の大きさ：1 s間に，ある断面を1 Cの電気量が流れたとき1 Aとする。

$$I = \frac{Q}{t}$$

I〔A〕：電流の大きさ

Q〔C〕：導線の断面を通過する電気量の大きさ

t〔s〕：時間

✔ 重要事項マスター

1 (1) 1 **静電気** 　(2) 2 **帯電**

(3) 3 **電荷** , 4 **C(クーロン)**

(4) 5 **プラス(正)** , 6 **マイナス(負)**

　　　　　　　　　　(5, 6 は順不同)

(5) 7 **反発力** , 8 **引力**

2 (1) 1 **電子** , 2 **負(またはマイナス)** ,

　　 3 **1.6 × 10⁻¹⁹** , 4 **電気素量**

(2) 5 **自由電子**

3 (1) 1 **電子** , 2 **電流**

(2) 3 **正** , 4 **自由電子**

(3) 5 **電気量の大きさ** 　(4) 6 $\dfrac{Q}{t}$

1【静電気力】

同種の電荷(＋と＋，－と－)の間にはたらく静電気力は反発力(斥力)となり，異種の電荷(＋と－)の間にはたらく静電気力は引力となる。力を受けた方向へ回転台は回転する。

(1)

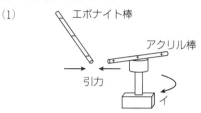

エボナイト棒は−，アクリル棒は＋に帯電しているので，異種の電荷の間にはたらく静電気力を考える。このときの静電気力は引力なので，アクリル棒がエボナイト棒に引き寄せられる方向へ回転台は回転する。

イ

(2)

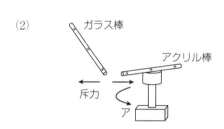

ガラス棒は＋，アクリル棒は＋に帯電しているので，同種の電荷の間にはたらく静電気力を考えると反発力(斥力)となる。よって，アクリル棒はガラス棒に反発する方向に回転する。　　**ア**

2【電流と電気量】

電気量の大きさ Q〔C〕は，電流の大きさを I〔A〕，電流の流れた時間を t〔s〕とすると，$Q = It$ である。$I = 0.30\,\text{A}$，$t = 12\,\text{s}$ を代入して，

$Q = 0.30\,\text{A} \times 12\,\text{s} = 3.6\,\text{C}$　　　　**3.6 C**

3【電流と電気量】

電流の大きさ I〔A〕は，電気量の大きさを Q〔C〕，電流の流れた時間を t〔s〕とすると，$I = \dfrac{Q}{t}$ なので $Q = 2.3\,\text{C}$，$t = 10\,\text{s}$ を代入して

$I = \dfrac{Q}{t} = \dfrac{2.3\,\text{C}}{10\,\text{s}} = 0.23\,\text{A}$　　　**0.23 A**

4【電流と電子数】

(1)I〔A〕の電流が t〔s〕間流れたときの電気量の大きさ Q〔C〕は $Q = It$ なので，$I = 0.48\,\text{A}$，$t = 1.0\,\text{s}$ を代入して，

$Q = 0.48\,\text{A} \times 1.0\,\text{s} = 0.48\,\text{C}$　　　**0.48 C**

(2)電子の流れが電流である。

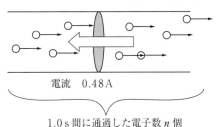

電流　0.48 A

1.0 s 間に通過した電子数 n 個

1.0 s 間に通過した電子数を n〔個〕，電子の電気量（電気素量）の大きさを $e = 1.6 \times 10^{-19}$ C とすると，電気量の大きさについて，

$$Q = ne$$

となるので，(1) の結果から，

$$n = \frac{Q}{e} = \frac{0.48 \text{ C}}{1.6 \times 10^{-19} \text{ C}} = 0.30 \times 10^{19}$$

$$= 3.0 \times 10^{18} \text{ 個}$$

3.0×10^{18} 個

---

33 電気抵抗 (p.66)

●電圧●

電圧：電流を流そうとするはたらき。

●オームの法則●

オームの法則：ニクロム線や銅線など導体を流れる電流 I〔A〕と導体の両端にかかる電圧 V〔V〕とは比例する。

$$V = RI \qquad$$

V〔V〕：電圧

I〔A〕：電流

R〔Ω〕：抵抗

電気抵抗：電流の流れにくさを表す量。単位はオーム（記号Ω）。

　1 V の電圧を導体の両端にかけたところ 1 A の電流が流れたとき，抵抗は 1 Ω となる。

　同じ電圧を加えても，抵抗が大きいと電流が流れにくくなる。

●抵抗の接続●

合成抵抗：2点間に2つ以上の抵抗があるときに，それらの抵抗を1つにみなしたもの。

直列接続：

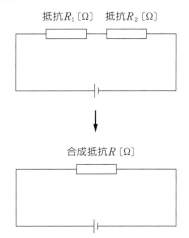

$$R = R_1 + R_2 + R_3 + \cdots$$

R〔Ω〕：合成抵抗

R_1〔Ω〕，R_2〔Ω〕，R_3〔Ω〕，…：抵抗

並列接続：

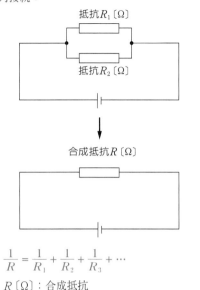

抵抗R_1〔Ω〕

抵抗R_2〔Ω〕

↓

合成抵抗R〔Ω〕

$$\frac{1}{R} = \frac{1}{R_1} + \frac{1}{R_2} + \frac{1}{R_3} + \cdots$$

R〔Ω〕：合成抵抗

R_1〔Ω〕，R_2〔Ω〕，R_3〔Ω〕，…：抵抗

2つの抵抗の場合の並列接続　$R = \dfrac{R_1 R_2}{R_1 + R_2}$

✓ 重要事項マスター

1 (1) 1　電圧 ， 2　V(ボルト)

(2) 3　電気抵抗 ， 4　Ω(オーム)

(3) 5　1 Ω

2 (1) 1　比例 ， 2　V ， 3　RI ，

4　オームの法則

(2) 5　原 ， 6　小さい　(3) 7　細い

3 (1) 1　合成抵抗

(2) 2　同じ ， 3　$R_1 + R_2$

(3) 4　同じ ， 5　$\dfrac{1}{R_1} + \dfrac{1}{R_2}$

✐ Exercise

1 【オームの法則】

オームの法則 $V = RI$ を変形して求める。

(1)　$I = \dfrac{V}{R} = \dfrac{4.8\,\text{V}}{12\,\Omega} = 0.40\,\text{A}$　　　**0.40 A**

(2) 200 mA = 0.200 A をオームの法則に代入する。

$$R = \frac{V}{I} = \frac{3.0\,\text{V}}{0.200\,\text{A}} = 15\,\Omega \qquad \textbf{15 Ω}$$

(3)　$V = RI = 25\,\Omega \times 0.40\,\text{A} = 10\,\text{V}$

10 V

2 【合成抵抗】

(1)直列接続の合成抵抗の式 $R = R_1 + R_2$ に代入する。

$$R = 3.0\,\Omega + 5.0\,\Omega = 8.0\,\Omega \qquad \textbf{8.0 Ω}$$

(2)並列接続の合成抵抗の式 $\dfrac{1}{R} = \dfrac{1}{R_1} + \dfrac{1}{R_2}$ に代入する。

$$\frac{1}{R} = \frac{1}{20\,\Omega} + \frac{1}{30\,\Omega} = \frac{3+2}{60\,\Omega} = \frac{5}{60\,\Omega} = \frac{1}{12\,\Omega}$$

より　$R = 12\,\Omega$　　　　　　　　　**12 Ω**

【別解】2つの抵抗の並列接続の場合は，合成抵抗を次の式で求めることができる。

$$R = \frac{R_1 R_2}{R_1 + R_2}$$

この式に代入して

$$R = \frac{20\,\Omega \times 30\,\Omega}{20\,\Omega + 30\,\Omega} = \frac{600\,\Omega^2}{50\,\Omega} = 12\,\Omega$$

12 Ω

(3)先に並列接続の部分の合成抵抗 R'〔Ω〕を

$\dfrac{1}{R} = \dfrac{1}{R_1} + \dfrac{1}{R_2}$ に代入して求める。

$$\frac{1}{R'} = \frac{1}{4.0\,\Omega} + \frac{1}{6.0\,\Omega} = \frac{3+2}{12\,\Omega} = \frac{5}{12\,\Omega} = \frac{1}{2.4\,\Omega}$$

より　$R' = 2.4\,\Omega$

次に，R' と 3.0 Ω の抵抗との直列接続の合成抵抗を求める。

$$R = 2.4\,\Omega + 3.0\,\Omega = 5.4\,\Omega \qquad \textbf{5.4 Ω}$$

34 抵抗率，電力と電力量 (p.68)

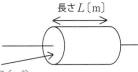

学習内容のまとめ

●金属の抵抗率●

$$R = \rho \frac{L}{S}$$

R〔Ω〕：抵抗，L〔m〕：長さ，

S〔m²〕：断面積，ρ〔Ω・m〕：抵抗率

長さ L〔m〕

断面積 S〔m²〕

抵抗率は，温度によって変化するが，温度が一定であれば物質によって決まった値をとる。

●電力と電力量●

ジュール熱：金属に電流が流れたときに電気抵抗によって発生する熱。

電力：ニクロム線のような金属が単位時間に消費する電気エネルギー。単位はワット（記号W）。

かけた電圧が1V，流れる電流が1Aのとき，電力は1Wとなる。

$$P = VI$$

P〔W〕：電力，

V〔V〕：電圧，I〔A〕：電流

電力量：ニクロム線のような金属がある時間内に消費した電気エネルギー。単位はジュール（記号J）。

日常生活では1Wの電力を1時間に消費したエネルギーとして，ワット時（記号Wh）という単位を用いる。1Wh = 3600 J

$$W = Pt = VIt$$

W〔J〕：電力量，

P〔W〕：電力，t〔s〕：時間，

V〔V〕：電圧，I〔A〕：電流

ジュールの法則：R〔Ω〕の抵抗に電圧 V〔V〕をかけて電流 I〔A〕が t〔s〕間流れたとき，発生するジュール熱 Q〔J〕は，電圧と電流と時間に比例する。

$$Q = VIt = RI^2t = \frac{V^2}{R}t$$

Q〔J〕：ジュール熱，V〔V〕：電圧，

I〔A〕：電流，R〔Ω〕：抵抗，t〔s〕：時間

✓重要事項マスター

1 (1) 1 **長さ** ， 2 **断面積**

(2) 3 $\rho\dfrac{L}{S}$ ， 4 **抵抗率** ，

5 **オームメートル**

(3) 6 **温度**

2 (1) 1 **ジュール熱**

(2) 2 **電力** ， 3 P ， 4 VI

(3) 5 **仕事率** ， 6 **ワット**

(4) 7 **電力量** ， 8 W ， 9 Pt

(5) 10 **ジュール** ， 11 **ワット時** ，

12 **キロワット時** ，

13 3.6×10^3（または 3600）

(6) 14 **ジュール熱** ， 15 VIt ，

16 RI^2t ， 17 $\dfrac{V^2}{R}t$ （15～17は順不同），

18 **ジュールの法則**

✎ Exercise

1【抵抗率】

(1) $1.0\,\text{mm}^2 = 1.0 \times 10^{-6}\,\text{m}^2$ に単位を直して，抵抗率の式 $R = \rho\dfrac{L}{S}$ に代入する。

$$R = \rho\frac{L}{S} = 1.6 \times 10^{-8}\,\Omega\cdot\text{m} \times \frac{10\,\text{m}}{1.0 \times 10^{-6}\,\text{m}^2}$$

$$= 0.16\,\Omega \qquad\qquad 0.16\,\Omega$$

(2)

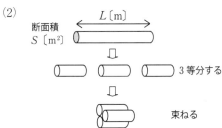

断面積 S〔m²〕　L〔m〕

3等分する

束ねる

この導線の抵抗率を ρ〔Ω・m〕とすると，もとの導線の抵抗 R〔Ω〕は，

$$R = \rho\frac{L}{S}\,\text{〔Ω〕}$$

である。束ねた導線は長さが $\dfrac{1}{3}$ 倍になり，断面積が3倍になるので，抵抗 R'〔Ω〕は，

$$R' = \rho\frac{\frac{1}{3}L}{3S} = \rho\frac{L}{9S} = \frac{1}{9} \times \rho\frac{L}{S} = \frac{1}{9}R \qquad \frac{1}{9}\text{倍}$$

(3) 加える電圧を V〔V〕とすると，もとの長さの導線を流れる電流 I〔A〕は，オームの法則 $V = RI$ より $I = \dfrac{V}{R}$ である。束ねた導線に流れる電流を I'〔A〕とすると，抵抗は(2)の結果から $\dfrac{1}{9}R$ になるので，

$$I' = \frac{V}{R'} = \frac{V}{\frac{1}{9}R} = \frac{9V}{R} = 9I$$

よって，9倍になる。 9倍

2 【電力と電力量】

(1)電力の式 $P = VI$ に代入する。

$$P = 1.5\,\text{V} \times 0.20\,\text{A} = 0.30\,\text{W}$$

0.30 W

(2)電力量の式 $W = Pt$ に代入する。

$$W = 100\,\text{W} \times 40\,\text{s} = 4000\,\text{J} = 4.0 \times 10^3\,\text{J}$$

4.0×10^3 J

(3)分を時間に直して電力量の式 $W = Pt$ に代入する。30 分は $\dfrac{30}{60}$ 時間なので,

$$W = Pt = 1.2 \times 10^3\,\text{W} \times \frac{30}{60}\,\text{h} = 0.60 \times 10^3\,\text{Wh}$$

$$= 6.0 \times 10^2\,\text{Wh}$$

6.0×10^2 Wh

(4)ジュールの法則の式 $Q = VIt$ に代入する。

$$Q = 50\,\text{V} \times 4.0\,\text{A} \times 20\,\text{s}$$

$$= 4000\,\text{J} = 4.0 \times 10^3\,\text{J}$$

4.0×10^3 J

35 直流回路

(p.70)

学習内容のまとめ

●直並列回路の合成抵抗●

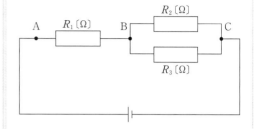

BC 間の合成抵抗 R'〔Ω〕は並列接続の合成抵抗の式を用いる。

$$\frac{1}{R'} = \frac{1}{R_2} + \frac{1}{R_3} \quad \text{または} \quad R' = \frac{R_2 R_3}{R_2 + R_3}$$

R'〔Ω〕:合成抵抗

AC 間の合成抵抗 R〔Ω〕は直列接続の合成抵抗の式を用いる。

$$R = R_1 + R'$$

R〔Ω〕:合成抵抗
R'〔Ω〕:BC 間の合成抵抗

●電流の保存と電圧の関係式●

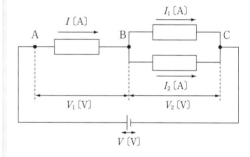

電流 I〔A〕が分岐・合流する点(B 点と C 点)では電流の保存がなりたつ。

$$I = I_1 + I_2$$

電源電圧 V〔V〕と回路1周で各抵抗の両端にかかる電圧について,電圧の関係式がなりたつ。

$$V = V_1 + V_2$$

✓重要事項マスター

1 1 **6.0** , 2 **2.0** , 3 **4.0** , 4 **8.0** , 5 **8.0**

2 1 **6.0** , 2 **5.0** , 3 **3.0** , 4 **2.0** , 5 **90**

✔ Exercise

1 【直並列回路】

(1)BC 間の並列部分の合成抵抗 R'〔Ω〕は,

$$\frac{1}{R'} = \frac{1}{R_1} + \frac{1}{R_2} = \frac{1}{2.0\,\Omega} + \frac{1}{3.0\,\Omega}$$

$$= \frac{3+2}{6.0\,\Omega} = \frac{5}{6.0\,\Omega} = \frac{1}{1.2\,\Omega}$$

$$R' = 1.2\,\Omega$$

または,

$$R' = \frac{R_1 R_2}{R_1 + R_2} = \frac{2.0\,\Omega \times 3.0\,\Omega}{2.0\,\Omega + 3.0\,\Omega}$$

$$= \frac{6.0\,\Omega}{5.0} = 1.2\,\Omega$$

AC 間の直列部分の合成抵抗 R〔Ω〕は,

$$R = R_{AB} + R' = 0.80\,\Omega + 1.2\,\Omega = 2.0\,\Omega$$

2.0 Ω

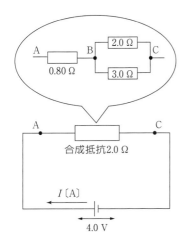

(2)0.80 Ω の抵抗を流れる電流は,電源から流れる電流 I〔A〕になる。よって,$V = 4.0\,\text{V}$,(1)で求めた合成抵抗 $R = 2.0\,\Omega$ をオームの法則 $V = RI$ に代入する。

$$I = \frac{V}{R} = \frac{4.0\,\text{V}}{2.0\,\Omega} = 2.0\,\text{A}$$

2.0 A

(3)3.0 Ω の抵抗の両端にかかる電圧は,2.0 Ω の抵抗にかかる電圧と等しい。BC 間の合成抵抗は(1)より 1.2 Ω なので,(2)で求めた電流を用いると,オームの法則より BC 間の電圧 V_{BC}〔V〕が求められる。

$$V_{BC} = R'I = 1.2\,\Omega \times 2.0\,\text{A} = 2.4\,\text{V}$$

オームの法則より,3.0 Ω の抵抗を流れる電流 I_2〔A〕を求める。

$$I_2 = \frac{V_{BC}}{R_2} = \frac{2.4\,\text{V}}{3.0\,\Omega} = 0.80\,\text{A}$$

3.0 Ω の抵抗で消費された電力 P〔W〕は $P = VI$ から求められる。

$$P = V_{BC} I_2 = 2.4\,\text{V} \times 0.80\,\text{A} = 1.92\,\text{W}$$

1.9 W

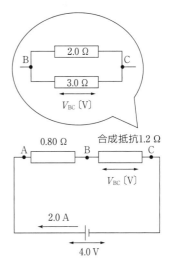

2 【ジュール熱と熱量の保存】

熱の移動より,

　電熱器で生じるジュール熱 Q_1〔J〕

= 水の温度を上昇させるのに必要な熱量 Q_2〔J〕

となる。

t〔s〕間かかったとすると,電熱器で発熱するジュール熱 Q_1〔J〕は $Q = Pt$ に代入して,

$$Q_1 = 500\,\text{W} \times t$$

水の温度を上昇させるのに必要な熱量 Q_2〔J〕は,温度上昇を ΔT〔K〕とすると,

$$\Delta T = 90\,℃ - 40\,℃ = 50\,℃ = 50\,\text{K}$$

であるから,$Q = mc\Delta T$ より,

$$Q_2 = 200\,\text{g} \times 4.2\,\text{J/(g·K)} \times 50\,\text{K}$$

熱の移動より,

$$500\,\text{W} \times t = 200\,\text{g} \times 4.2\,\text{J/(g·K)} \times 50\,\text{K}$$

$$t = 84\,\text{s}$$

84 s

● 電磁誘導 ●

電磁誘導：コイルを貫く磁力線の数が変化すると，コイルに誘導電流が流れる現象。

　　コイルに生じる電圧は，コイルを貫く磁場の時間変化が大きいほど大きくなり，コイルの巻数が多いと大きくなる。

● 電流の種類 ●

交流：向きと大きさが周期的に変化する電流。

直流：＋極から－極に流れ，大きさが一定の電流。

〈乾電池〉

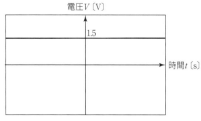

〈家庭用 100 V 電源〉

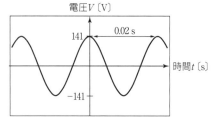

周波数：1 s 間に電圧や電流の変動する回数。単位はヘルツ（記号 Hz）。

　　家庭用電源では東日本は 50 Hz，西日本は 60 Hz。

周期：1 回の変動に要する時間。単位は秒（記号 s ）。

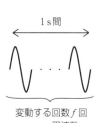

$$f = \frac{1}{T}$$

f〔Hz〕：周波数
T〔s〕：周期

● 変圧器 ●

変圧：交流電圧を変化させること。変圧では，交流の周波数は変化しない。

変圧器：変圧する装置。コイルの巻数の比に応じて，交流電圧を変化させて取り出す。

　　一次コイルの巻数，二次コイルの巻数をそれぞれ N_1，N_2〔回〕，コイルの両端の電圧をそれぞれ V_1，V_2〔V〕とすると，

$$V_1 : V_2 = N_1 : N_2$$

の関係がなりたつ。

　　また，変圧してもそれぞれのコイルでの電力は等しい。一次コイル，二次コイルに流れる電流をそれぞれ I_1，I_2〔A〕とすると，

$$V_1 I_1 = V_2 I_2$$

がなりたつ。

✓ **重要事項マスター**

1 1 電磁誘導 ， 2 誘導電流 ， 3 逆

2 (1) 1 交流 ， 2 周波数 ， 3 ヘルツ

　　(2) 4 ＋（または正） ，

　　　　 5 －（または負） ， 6 直流

　　(3) 7 **50 Hz** 　　(4) 8 交

　　(5) 9 乾電池 ， 10 家庭用電源

3 (1) 1 変圧 ， 2 変圧器 ， 3 変化しない

　　(2) 4 N_1 ， 5 N_2

✏ **Exercise**

1 【発電機】

磁場の中にコイルをおき，コイルを回転させる。

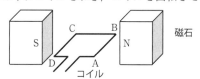

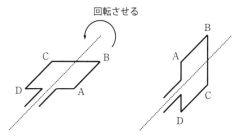

回転させる

　　コイルが回転するとコイルを貫く磁場が変化するので，電磁誘導によってコイルに電流が流れる。すなわち，コイルの回転による運動エネルギーを電気エネルギーに変換させるのが発電機である（モーターは電気エネルギーを回転の運動エネルギーに変

換させている)。コイルが半回転するごとにコイルを流れる電流の向きが変わるので,コイルの回転する速さが変わらなければ,一定の時間で向きが変わる交流電流が流れることになる。

① 発電機　② 電磁誘導

③ 誘導電流　④ 交流

2 【交流】

周波数を f 〔Hz〕,周期を T 〔s〕とすると,$f = \dfrac{1}{T}$ という関係があるので,

$$T = \frac{1}{f} = \frac{1}{50\,\mathrm{Hz}} = 0.020\,\mathrm{s}$$

$0.020\,\mathrm{s}$(または $2.0 \times 10^{-2}\,\mathrm{s}$)

3 【変圧器】

(1)二次コイル側に生じる交流電圧を V_2〔V〕とする。変圧器の巻数と交流電圧の関係

$$V_1 : V_2 = N_1 : N_2$$

より,

$$200\,\mathrm{V} : V_2 = 100\,回 : 400\,回$$

$$V_2 \times 100\,回 = 200\,\mathrm{V} \times 400\,回$$

$$V_2 = 800\,\mathrm{V}$$

800 V

(2)それぞれのコイルでの電力は等しい。(1)の結果を用いて

$$V_1 I_1 = V_2 I_2$$

に代入する。二次コイルに生じている交流電流の大きさを I_2〔A〕とすると

$$200\,\mathrm{V} \times 4.0\,\mathrm{A} = 800\,\mathrm{V} \times I_2$$

$$I_2 = 1.0\,\mathrm{A}$$

1.0 A

---

37 エネルギーとその利用　(p.74)

学習内容のまとめ

●**エネルギーの変換と保存**●

エネルギーは互いに変換することができる。

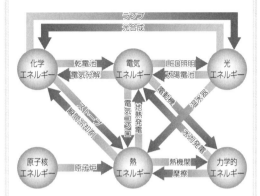

エネルギー保存の法則:自然界に存在するエネルギーの総量は一定である。

●**さまざまなエネルギーの発電方法**●

水力発電,火力発電,原子力発電,太陽光発電,風力発電,地熱発電,潮汐発電などがある。

●**原子核エネルギーと放射線**●

原子の構成

$$原子 \begin{cases} 原子核 \begin{cases} 陽子…正電荷をもつ \\ \\ 中性子…電気的に中性 \end{cases} \\ \\ 電子…負電荷をもつ \end{cases}$$

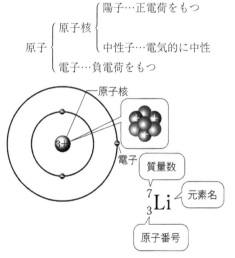

原子番号:陽子の数。

質量数:陽子の数と中性子の数の和。

同位体(アイソトープ):原子番号が同じで質量数が異なる原子。

核分裂:質量数の大きい原子核が分裂すること。

原子核エネルギー:核反応にともなって出入りするエネルギー。

連鎖反応：核分裂が連続して起こること。

臨界：連鎖反応が持続的に起こるようになった状態。

原子炉：連鎖反応を制御し、核分裂による熱を取り出す装置。

放射性崩壊：不安定な状態の原子核が放射線を出して安定な原子核に変化すること。

放射性同位体：放射線を出して別の原子核に変わる同位体。

放射線の種類：α線、β線、γ線、中性子線、宇宙線、X線などがある。

$\begin{cases} α線\cdots{}^4_2\text{He}\,原子核。透過力が小さい。\\ β線\cdots電子。\\ γ線\cdots電磁波。透過力が大きい。\end{cases}$

放射能：放射線を出す能力。

半減期：放射線を出す原子の数が放射性崩壊によって半分に減少する時間。

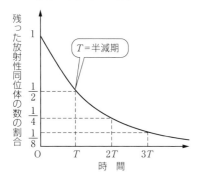

外部被ばく：体外から放射線を浴びること。

内部被ばく：体内に入った放射線物質による放射線を浴びること。

放射性廃棄物：使用済の核燃料などの放射能をもつ物質。

廃炉：不要になった原子炉を管理すること。

✓重要事項マスター

1 (1) 1 **エネルギーの変換**

　(2) 2 **一定** , 3 **エネルギー保存の法則**

　(3) 4 **モーター** , 5 **LED照明・電灯など**

　(4) 6 **火力** , 7 **水力** , 8 **太陽光**

2 (1) 1 **電子** , 2 **陽子** , 3 **中性子**

　(2) 4 **原子番号** , 5 **質量数**

　(3) 6 **8** , 7 **8**

　(4) 8 **同位体（アイソトープ）**

　(5) 9 **核分裂** , 10 **原子核エネルギー**

3 (1) 1 **核分裂** , 2 **連鎖反応**

　(2) 3 **臨界** (3) 4 **原子炉**

4 (1) 1 **放射性崩壊** (2) 2 **放射性同位体**

　(3) 3 **α線** , 4 **β線** , 5 **γ線**
　　（3～5は順不同）, 6 **宇宙線**

　(4) 7 **α線** , 8 **弱く**

　(5) 9 **放射能** (6) 10 **半減期**

5 (1) 1 **外部被ばく** (2) 2 **内部被ばく**

6 (1) 1 **放射性廃棄物** (2) 2 **廃炉**